U0260926

本书系国际山地综合发展中心和中国科学院昆明植物研究所《生物遗传资源获取和惠益分享能力建设问题研究》、贵州大学人文社科学术创新团队建设项目《我国生态环境法制及防震减灾若干问题研究》课题成果

生物剽窃：
自然和知识的掠夺

Biopiracy: The Plunder of Nature and Knowledge

［印］纨妲娜·席瓦　著

李一丁　译

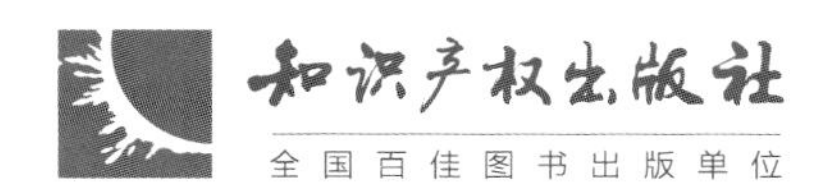

图书在版编目（CIP）数据

生物剽窃：自然和知识的掠夺/（印）纨妲娜·席瓦（Vandana Shiva）著；李一丁译. —北京：知识产权出版社，2018.1

书名原文：Biopiracy：The Plunder of Nature and Knowledge

ISBN 978-7-5130-5410-2

Ⅰ.①生… Ⅱ.①纨… ②李… Ⅲ.①生物多样性—知识产权保护—研究 Ⅳ.①X176 ②D913.04

中国版本图书馆 CIP 数据核字（2018）第 009682 号

内容提要

本书以一种略带质疑却不失严谨、略表忧虑却饱含关切的语调将原作者对印度生物多样性、生物遗传资源开发、利用和保护活动的所思、所感娓娓道来。向读者集中呈现了发展中国家与发达国家在生物资源、生物技术领域长期持续的“无声战争”的历史脉络、现实表现与未来发展。

通过本书，读者不仅可以迅速了解何谓“生物剽窃”及其具体表现、潜在影响、因应之道，还能够更进一步地掌握全世界，尤其是发展中国家面临的生物安全风险与隐患。

责任编辑：崔　玲　龙　文　　　**责任校对**：谷　洋

封面设计：品　序　　　**责任出版**：刘译文

生物剽窃：自然和知识的掠夺

[印] 纨妲娜·席瓦　著

李一丁　译

出版发行：	知识产权出版社有限责任公司	网　址：	http：//www.ipph.cn
社　址：	北京市海淀区气象路 50 号院	邮　编：	100081
责编电话：	010-82000860 转 8121	责编邮箱：	longwen@cnipr.com
发行电话：	010-82000860 转 8101/8102	发行传真：	010-82000893/82005070/82000270
印　刷：	北京嘉恒彩色印刷有限责任公司	经　销：	各大网上书店、新华书店及相关专业书店
开　本：	880mm×1230mm　1/32	印　张：	6.875
版　次：	2018 年 1 月第 1 版	印　次：	2018 年 1 月第 1 次印刷
字　数：	150 千字	定　价：	36.00 元
ISBN 978-7-5130-5410-2		京权图字：	01-2018-0277

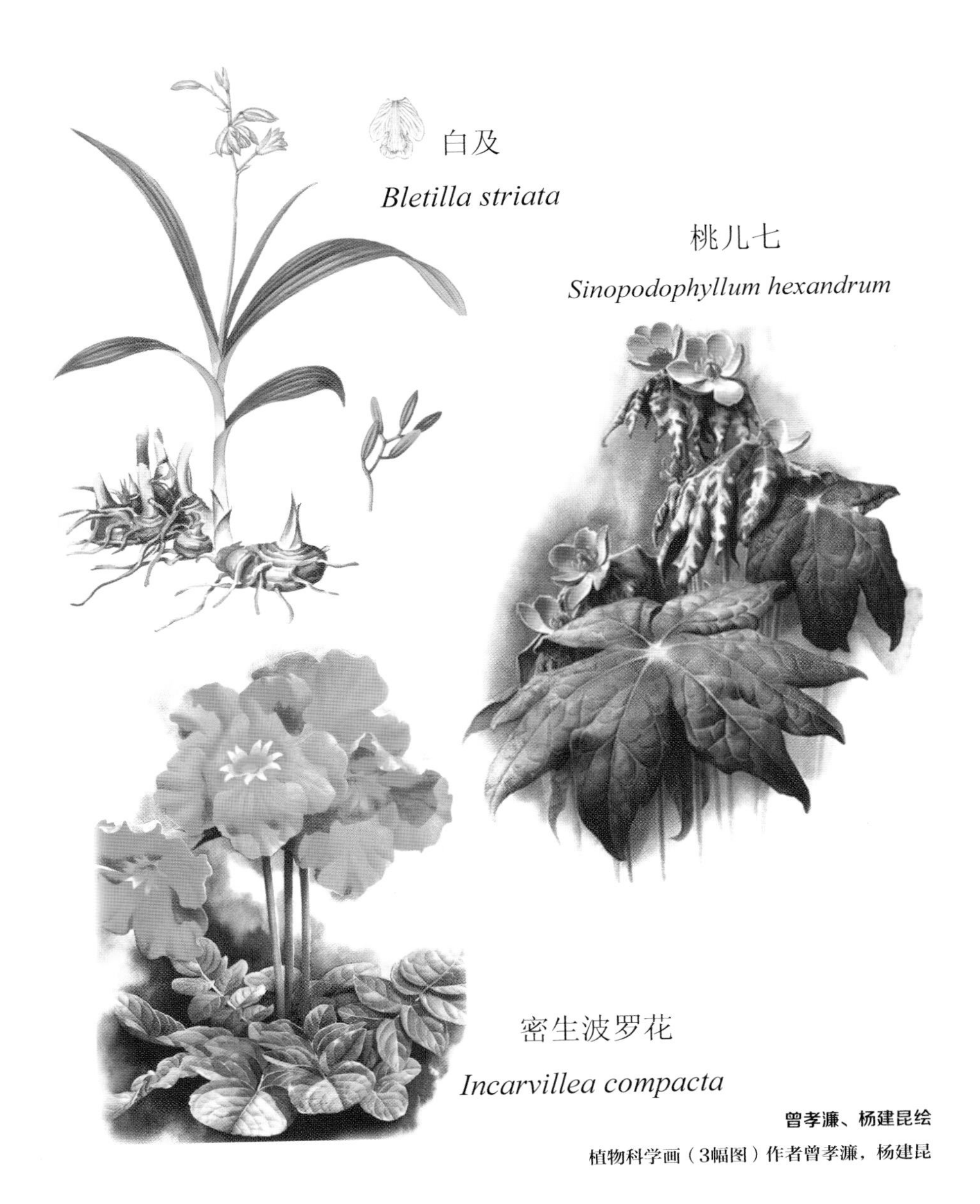

曾孝濂、杨建昆绘

植物科学画（3幅图）作者曾孝濂，杨建昆

牛洋摄

塔黄 *Rheum nobile*

吕元林摄

圣地红景天 *Rhodiola sacra*

杨建昆摄

云状雪兔子 *Saussurea aster*

吕元林摄

喜玛拉雅垂头菊
Cremanthodium decaisnei

吕元林摄

黑苞风毛菊
Saussurea melanotrica

吕元林摄

匍匐水柏枝 *Myricaria prostrata*

致　　谢

本书的翻译出版得到国际山地综合发展中心（International Centre for Integrated Mountain Development，ICIMOD）、中国科学院昆明植物研究所的联合资助，也得益于武汉大学环境法研究所秦天宝教授、中国科学院昆明植物研究所杨永平研究员、杨建昆副研究员、付瑶助理研究员等专家、学者的指导和协助，在此一并致谢！

序　一

近年来，生物遗传资源、传统知识（包括中医药传统知识）、民族民间文化表达、非物质文化遗产、农民权等概念，成为国际上日益被关注和讨论的议题。这是因为，发达国家历经若干年，通过各种不当滥用行为，从发展中国家和地区的土著与当地社区"剽窃"生物遗传资源及相关传统知识。这种"大移转""大迁徙"造成了新的"南北矛盾"，并形成了非公平公正的、利益失衡的全球差序格局。

从国际法层面来看，目前直接调整、规范生物遗传资源及相关传统知识的国际法律文件主要是1992年《生物多样性公约》和2010年《〈生物多样性公约〉关于获取遗传资源和公正公平分享其利用所产生的惠益的名古屋议定书》，它们在全球范围内确立了生物遗传资源和相关传统知识获取和惠益分享机制。

对于这些略显单调、晦涩的议题，如何以一种非专业化、非学术化的口吻阐明它们之间的关联？这本可称其为“学术小品”的译作似乎给出了答案。本书作者以一种略带质疑却不失严谨、略表忧虑却饱含关切的语调将其对印度生物多样性、生物遗传资源开发、利用和保护活动的所思、所感娓娓道来，而译者为了更好地传达作者的原意，对本书的诸多专业术语的认知、理解及翻译也尽可能地做到精益求精。

本书译者李一丁在攻读博士学位期间，就以极大的人文情怀和学术热情，甘愿选择这一国内少有人问津的“清凉”领域作为论文方向。获得博士学位以来，他依然坚持以生物遗传资源及相关传统知识获取和惠益分享议题作为其主要研究领域。经过这些年的潜心研究，他建树颇丰，成效斐然。而这本译作，也是他在此方面取得的最新成果，希望对我国理论界与实务界而言，都有所裨益。

欣闻此书即将付梓出版，是为序。

秦天宝*

2017 年 10 月于武昌珞珈山

---

* 教育部长江青年学者，中国法学会环境资源法学研究会副会长兼秘书长，武汉大学环境法研究所所长，教授、博士生导师。

序　二

我是一位从事植物研究的科技工作者，是和植物打交道的，在生物多样性知识产权研究领域是外行。2008年云南省发展和改革委员会启动了一个生物多样性知识产权问题研究咨询课题，我才开始接触这方面的内容。后来在研究所给博士生上课，其中有涉及生物多样性知识产权的内容，介绍过“生物剽窃”现象、《生物多样性公约》以及国际社会推动公正公平分享遗传资源利用所产生惠益的努力等内容。2013年国际山地综合发展中心（ICIMOD）启动西藏神山圣湖生物多样性保护项目，希望促进社区层面的生物多样性知识产权保护和培训工作，于是我所邀请青年学者李一丁博士参与项目的实施。《生物剽窃：自然和知识的掠夺》一书的出版，也是项目实施的重要成果之一。

随着人们对生物遗传资源及相关传统知识议题的关注，生物多样性科学研究和商业开发利用的快速发展，一些未经许可任意获取、开发和利用等“生物剽窃”现象也不时出现。国际社会于1992年和2010年相继制定了《生物多样性公约》和《生物多样性公约关于获取遗传资源和公正公平分享其利用所产生惠益的名古屋议定书》（以下简称《名古屋议定书》），试图实现生物遗传资源及相关传统知识相关国家之间的公正公平。

《生物剽窃：自然和知识的掠夺》是一部不可多得的集自然科学与人文社会科学于一体的学术论著。全书视野开阔、结构紧凑、内容充实，向各位读者集中呈现了发展中国家与发达国家在生物资源、生物技术领域长期持续的“无声战争”的历史脉络、现实表现与未来发展，同时也旗帜鲜明地表达了自己立场、观点和看法，读完之后不仅可以迅速了解何谓“生物剽窃”及其具体表现、潜在影响及因应之道，还能够更进一步地掌握全世界，尤其是发展中国家面临的生物安全风险与隐患。该书作者所在国家印度和我国同属生物多样性大国，在这场“战争”中无疑应亲密合作，以确保本国国家利益和民族利益。

本书的翻译、编排工作同样值得赞许。译者李一丁博士是国内为数不多的长期从事生物多样性保护政策与法制研究的年轻学者，近年来在国内主流期刊发表数篇相关学术论文，也多次参与我所组织的科学考察活动，本书的翻译汇集了他对国内外生物多样性保护政策与法制问题、以及科学考察活动所见所想所感，读者可从其专门增设的“本章导读”环节、青藏高原独有的高原植物插画中尽情感受。

是为序。

杨永平*

2017年10月于昆明

* 中国科学院昆明植物研究所研究员、博士生导师。

译者序

犹记得是2011年攻读博士学位期间在台湾政治大学访问的时候，在该校图书馆偶遇到这本书。“Biopiracy”（生物剽窃）巨幅字体占据了整本书的封面，仿佛代表了此书作者对当代生物遗传资源、传统知识领域呈现的国际秩序失控现象的一种无声控诉。翻开读罢后发现，虽然本书篇幅精简，但是其巧妙的构思、恢弘的视野、紧凑的结构、犀利的观点以及尽管作为女性，作者所持有的博大的胸怀和谦逊的态度，更让我坚信这是一本值得反复“咀嚼”的、反映生物多样性全球大时局、大趋势的上乘之作，当时就萌生出是否可将该书介绍到国内的想法。

生物多样性和气候变化并称当今世界两项重大的环境议题。与气候变化相比，生物多样性的变化对人类的影响并非直观，但却颇为深远，它不仅表现为某类生物物种的减少，还有生态系统的功能性退化及丧失，甚至是生物基因的裂变和变异。然生物技术勃兴即将引发的“第四次工业革命”亦在国别性、区域性和全球性范围内加剧这种骤变，这场革命将极大程度影响甚至改变人与人、人与自然（生物群体）原本就渐趋复杂、紧张的联系。

得益于业师秦天宝教授的倾力指导，这些年来我一直将生物遗传资源和相关传统知识获取和惠益分享议题相关的法律问题作为主要研究领域，研究成果也多与该主题相关。但是在国内，这是跨越国际法、环境法、行政法、法学理论、民商法等传统部门法因而具有较高研究门槛的一个新兴、冷门、生僻的研究领域，同时也是一个能够结合知识产权（包括植物育种者权）、生物遗传资源国家主权、农民权、非物质文化遗产、传统知识、中医药等相关议题进行探讨的伸缩性极大、延展性极强的研究范畴。尽管这个领域、范畴仍然面临理论与实务“两重天”的情状，然而随着中国持续深入实施《生物多样性公约》，履行《关于获取遗传资源和公平公正分享其利用所产生惠益的名古屋议定书》设定的国际法律义务以及探讨应对加入《粮食和农业植物遗传资源国际公约》等面临的国际国内情势，该议题势必会得到社会各界的持续重视和关注。

六年转瞬即逝，此书的面世过程虽耗时漫长，但也还算基本顺利。严格意义上来说，这是我出版的第一本著作，于我自身而言，意义甚巨。而在此书出版过程中亦有很多值得回忆的片段，如与本书作者纨妲娜·席瓦女士一次沟通后便慷慨赠予简体中文版权并向我热情地询问中国生物遗传资源获取管制现状、武汉大学环境法研究所所长、博士生导师秦天宝教授、中国科学院昆明植物研究所党委书记、副所长、博士生导师杨永平研究员从我构思翻译开始便多次关心此书出版情况并拨冗作序、中国科学院昆明植物研究所杨建昆副研究员等友情提供部分原创的高原植物插画、付瑶助理研究员不厌其烦地为本书提供修改意见、知识产权出版社龙文和崔玲编辑为本书体例编排、版式设计持续不断地耗尽心力，都为本书成功付梓增色不少。

如果这本类似于“学术小品”性质的译著能够在某种程度上得到接受和认可，亦是对本人所付出的时间和精力的褒奖，然书中纰漏和错误，亦请诸位方家不吝赐教。

李一丁

2017年10月于贵阳花溪河畔

目　录

二零一六版前言

从“一般无主地”到“生物无主地”

我写此书的目的是想从道德、生态、经济角度审视生命专利的后果。虽然不曾出现生物剽窃案例，但是非常明确的是只要某物具有可专利性，南方国家的生物多样性和土著知识将会被授予专利。种子和生命可专利化的“大门”已向基因工程技术公司敞开。每当某类植物细胞植入了新的基因，这些公司便声称他们是这些种子、植物以及所有未来出现的种子的发明人和创造者，他们对此亦享有所有权。换句话说，转基因（Genetically Modified Organisms，GMOs）一词又具有：“上帝，请你走开”的意思（God，Move Over）。很多大型生物技术公司鼓吹其所具有的法人主体资格和所处的创造者角色定位，他们声称这些种子是他们的发明，他们所获得的专利属于财产权利。“专利权”是指与发明有关的一种排他性权利，专利权人在未经其许可前提下有权禁止任何人制造、销售、分配和使用专利产品及技术。所谓对种子主张专利权意味着农民保有和分享种子的权利——这种存续了近千余年的权利——将被认定为“盗窃”行为，一种关于“知识产权的犯罪行为”。

在确定种子为其创造和发明物的过程中，孟山都等公司不遗余力地创设了全球性的知识产权和专利法律制度体系，以便其通过法律手段阻止农民保有和分享种子。这就是世界贸易组织《与贸易有关的知识产权协议》（*Treaty Related Intellectual Property*，以下简称 TRIPs 协议）产生的原因。该协议第二十七条第三款提到：“缔约方还可以排除下列各项的可专利性：（a）人类或动物的疾病诊断、治疗和外科手术方法；（b）除微生物之外植物和动物，以及本质上为生产植物和动物的除非生物方法和微生物方法之外的生物方法；然而，缔约方应以专利方式或者一种有效的特殊体系或两者的结合对植物新品种给予保护。”该条规定可能会被误读为因保护植物新品种而明确禁止农民之间自由交换种质资源，威胁其基本生存及保留与交换种子的基本能力。

TRIPs 协议有关生命专利保护条款在 1999 年被要求进行强制性审查。印度代表团在其提议中声称：“很明显，（我们）需要对世界上任何地方的需要提供专利保护的生命形式进行重新审查。除非这些制度确为必要，否则建议排除对所有生命形式授予专利保护。”

非洲代表团更是疾呼：

> 非洲代表团仍旧维持本代表团在先前场合与其他代表有关任何生命形式提供专利保护的规定所持保留意见。本代表团建议对 TRIPs 协议第二十七条第三款有关禁止植物、动物和微生物，以及本质上属于或不属于产生植物或动物生物技术授予专利的规定进行修改。本协议有关植物新品种保护条款的规定必须清楚明确，不能含糊其词或作为法律例外规定适用，同时需在保护整体社区利益和农民权利与传统知识之间达致良好平衡，同时确保生物多样性得到保护。

生命形式、植物和种子都是处于不断变化过程中，拥有自我组织的主权存在形式。它们本质上具有财产、价值和稳定的特性。因此前述公司声称对生命形式拥有专利的说法不论从道德上，还是从法律上来说均是错误的。对种子授予专利权从法律上来说是错误的，这是因为种子并非专利权对象。对种子授予专利权从道德上来说是错误的，这是因为种子本质上属于生命形式，它们与我们属于“相同种类”，都是我们地球家园的重要成员。

生命不是发明

知识产权制度适用对象扩张至生命系统或生命生物体本身即是对“创新”“发明”等词语的曲解。这种现象是以孟山都为代表的某些公司将其引入 TRIPs 协议所导致的必然结果。这些跨国公司通过知识产权委员会（Intellectual Property Committee，IPC）对专利法律施予影响最早始于前述协议起草阶段。

正当我在写作本书的时候，孟山都公司詹姆斯·恩亚特（James Enyart）先生在回忆录中描述了 TRIPs 协议是如何深刻地与公司利益保持一致，并对抗其他国家和公民利益的：

> 知识产权委员会成立后，该委员会首要任务即是重复早先在美国业已完成的工作，同时欧洲和日本工业联盟也确认该准则是可行的……除了在本国兜售我们的概念，我们也前往日内瓦向《关税和贸易总协定》（*General Agreement on Tariffs and Trades*，GATT）秘书处成员介绍我们的成果。我们也把握机会向常驻日内瓦的多个国家的代表进行展示……我想说明的是这在《关税和贸易总协定》历史上完全是史无前例的。工业界认为这是国际贸易面临的主要问题。它们简要提

> 出了一个解决办法并归纳成具体提案，同时向我们和其他政府告知……工业界和全球贸易活动人员主要扮演了病患、诊断专家和处方医生角色。

包括专利在内的知识产权制度被视为一种关于“思维产品”的财产权。过去二十年间，在前述跨国公司的影响下，专利法的保护开始转向另一个方向——从保护真正的发明利益和想法到对生命形式拥有所有权或对生存必需品如种子和物品进行控制。这些垄断行为已违反《印度宪法》（*Constitution of India*）第二十一条有关保证所有公民生存权利之规定。

世界贸易组织第一起争端是美国提起的要求印度改变专利法案的诉求。印度专利法案排除了农业和植物种植方法的可专利性，以保证种子——这一食物链上重要连接点始终被认为属于“公共领域”的公共财产，且农民拥有不可分割地、不被侵犯地保留、交换和提升种子的权利。印度专利法案也仅对药物生产工艺授予专利。某些药品生产商，同时也是拥有生物技术的公司，正在通过专利垄断种子和药物的销售。

我始终与印度政府、议会保持紧密联系以确保农民权和生命形式的整体性得到印度专利法案尊重。不过印度在修改专利法案时，也需要维持与 TRIPs 协议的一致性。《印度专利法案》第三条即明确不可专利的对象包括：

> 本法所称发明仅指发现任何新财产或已知物质新的用途。

这正是瑞士诺华制药公司主张对一种已知抗癌药物拥有权利而被拒绝的法律依据。诺华公司试图将该条文适用问题提交最高法院但最终作罢。

> 第三条排除了除微生物以外的全部或组成部分的部分植物和动物可专利性，包括种子、品种、物种尤其是生产、培育动物和植物生物技术工艺。

该条也是印度专利局拒绝孟山都公司以抵御气候变化为由申请种子专利的法律依据。

正当印度专利局拒绝孟山都公司专利申请时，美国联邦最高法院裁决支持孟山都公司抗议一位名叫鲍曼（Bowman）的农民没有从该公司而从印度“谷物升降机”[1] 购买种子的行为。美国联邦最高法院裁定原告拥有未来各代谷物或种子的知识产权，但该项判决不论从生物学上还是从知识产权理论角度来说都是不正确的，因为孟山都公司所有行为几乎都是添加基因以使植物产生耐药性，进而巩固其作为农达牌除草剂生产者、所

[1] 一种存储种子的设备。——译者注

有者身份，以便（1）主张任何添加基因的植物/动物所有权；（2）垄断农达牌除草剂生产销售。而添加基因对农达牌除草剂产生耐药性并不被视为一种“发明”或“创造”大豆种子及未来各代的行为，而且这种行为又导致了物种出现基因污染。

2011年《印度植物品种和农民权利法案》（*The Protection of Plant Varieties and Farmer's Right Act*）有关于农民权的规定。我曾经作为专家组成员参与起草该法案。

> 农民应被认为拥有与其在本法案生效之前的相同方式保管、使用、播种、补种、交换、分享或售卖其自有农场生产包括受到本法案保护的某个品种的种子权利。

然而在美国并无类似法案为公民和农民提供保护。美国公民不仅被否认拥有应当吃什么的知情权，同时还被否认拥有保管和交换种子的权利。虽然美国2004年《种子法》（*The Seed of law*）已在宾夕法尼亚州、马里兰州等州实施，但现在明尼苏达州已开始关闭它们的种子资料库。

生物剽窃不是创新

过去几十年，跨国公司通过新设财产权利形式控制了地球生命多样性和土著居民的知识。而这些情形并无任何创新表现；它们仅是对生命形式本身实施的垄断行为。生命资源和土著知识的专利仅是将公共生物资源和知识进行“围拢”而已。生命形式被重新界定为“产品”和“机器”，这将剥夺它的完整性和自我组织能力，而传统知识被剽窃和授予专利，也展现出一种流行的生物剽窃形式。

- 楝树专利案。楝树所产生真菌专利被认为是公然地生物剽窃案例。五月十日，欧洲专利局撤销了美国农业部和跨国公司格雷斯公司（W. R. Grace）申请一种以楝树种子提取物控制植物真菌的方法专利（0436257 B1）。而通过位于慕尼黑的欧洲专利局对这份专利提出质疑的三位人士分别是欧洲议会绿党，印度科学、技术和生态研究基金会的纨妲娜·席瓦女士以及国际有机农业联盟，具体原因则是认为缺乏新颖性和创新性。楝树真菌所拥有的特性及其用途已在印度存续近两千年之久并被广泛用于蚊虫防治、肥皂、化妆品和避孕，鉴于此，该楝树专利最终被撤销。

• Basmati[1]香米剽窃案。1994年7月8日，一家位于美国得克萨斯州的公司向美国专利和商标局（USPTO）申请一项有关Basmati香米材质的大米遗传资源专利（专利申请号No. 5663484），且该申请包括若干完全垄断大米的专利主张，如授予专利、收割、收集甚至烹饪。尽管这家公司主张Basmati香米是由它们发现的，但它们也承认这种大米的某些增添物来自印度。该公司专利申请对象主要是关于Basmati香米的材质。在持续的抗议声和印度最高法院受理此案后，美国专利商标局最终驳回大部分专利申请。

• 瑞士先正达公司（Syngenta）试图剽窃印度大米多样性。瑞士先正达公司，作为生物技术领域巨头，试图从恰蒂斯加尔邦收集近22 972种珍贵的印度稻田种质资源。它与印度甘地农业大学（*Indira Gandhi Agricultural University*，IGAU）签署备忘录，该备忘录允许先正达免费获得里哈那（Richharia）博

[1] 是印度一种大米种质资源的名称。——译者注

士收集、观察并确认的极其丰富的二代大米多样性种质资源。各人民组织、农民联盟、公民自有组织、妇女组织、学生组织和生物多样性运动反对先正达公司和甘地农业大学签署的备忘录及其后果，先正达公司最终停止实施备忘录。

- 孟山都公司对印度小麦的剽窃。位于慕尼黑的欧洲专利局撤销了孟山都公司一项关于名为 Nap Hal 印度小麦品种专利。孟山都公司是全球最大的种子公司，在 2003 年 5 月 21 日被欧洲专利局授予一项与小麦品种相关“植物”专利。2004 年 1 月 27 日，印度科学、技术和生态基金会、绿色和平组织以及巴拉特·克利须那·萨马哈（Bharat Krishak Samaha）向欧洲专利局提出孟山都公司与 Nap Hal 印度小麦相关专利的申诉，随即该专利被撤销。

- 康尼格拉公司（一家美国食品公司）对 Atta[1] 主张权利。Atta 是一种印度主食和食品的原料，目前正在遭到康尼格拉公司申请的一项有关 Atta 生产工艺“新颖性”专利的威胁（专利号 No. 6098905），该项专利自 2000 年 8 月 8 日授予。

[1] 一种小麦粉。——译者注

然而康尼格拉公司声称的具有“新颖性”生产工艺已在南亚 *atta chakkis*[1] 上进行使用，所以并不能被认定该生产工艺具有“新颖性”。

- 孟山都公司剽窃印度甜瓜。2011 年 5 月，美国孟山都公司被欧洲专利局授予一项关于常规繁育甜瓜技术的专利（EP 1962578）。这些甜瓜最初种植于印度，对于植物病毒具有天然抵抗性。通过常规繁育方法能将抵抗性引入到其他甜瓜品种，这种技术被孟山都公司认为具有“创新性”。而这种被称为南瓜黄色矮化失调病毒（CYSDV）的植物疫病已在北美、欧洲和北非存续多年。印度甜瓜因抵抗病毒而被国际种子银行注册（注册号为 PI 313970）。孟山都公司正阻止各方获取含有抵抗特性的印度甜瓜育种材料。这项专利可能会阻止未来各方付诸的育种努力和甜瓜新品种的开发。甜瓜育种者和农民的活动可能会受到严格的专利限制。而在目前已获知的信息是未来育种活动将有可能生产出实际上能够对抗植物病毒的新品种。一家荷兰知名的种子公司德路透（DeRuiter）已率先开发了这种甜瓜。德路透公司使用的是一种来自

[1] 一种手提磨粉机。——译者注

印度的不带甜味的瓜并将其命名为 PI 313970。孟山都公司于 2008 年收购了该公司并相应获得专利。该项专利疑遭到很多组织质疑而于 2012 年被迫撤销。

- 茄子剽窃。孟山都公司及其印度合作伙伴 Mahyco 对转基因茄子的开发是另一个典型的生物剽窃案例。该公司在未经国家生物多样性总局及邦生物多样性管理局（National Biodiversity Authority，NBA；National Biodiversity Board，NBB）事先许可情况下将九种印度本地茄子品种用于蔬菜品种改良。依据环境支持小组（Environmental Support System，ESG）建议，该行为已违反 2002 年《生物多样性法》（*Biodiversity Act*，2002）规定，该行为也在 2010 年 2 月 15 日遭到卡纳塔克邦生物多样性管理委员会正式投诉。尔后政府以健康和安全为由要求终止转基因茄子相关活动。[1]

- 孟山都公司剽窃苏云金芽孢杆菌用于转基因棉花生产。印度安得拉邦生物多样性管理委员会是联邦政府依据 2002 年《生物多样性法》设立的专门机构，其主要职能是向孟山都印度公司主张将公司收入

[1] Priscila Jebaraj，"*Development of Bt Brinhal a case of biopiracy*"，The Hindu，August 10，2011.

> 的2%用于支付特许经营费用。生物多样性管理委员会认为孟山都公司有关基因棉花的专利属于生物剽窃行为——孟山都印度公司从安得拉邦卡奴尔地区马汉安帝村沙土中窃取了苏云金芽孢杆菌细胞。该公司对这种细胞菌株主张多项权利并将含抗棉铃虫的转基因棉花种子进行开发及将其转售给印度。

孟山都公司、先正达公司、杜邦公司、陶氏公司、拜耳公司、巴斯夫公司等六个巨人，它们在拥有种子和生物多样性专利的同时，也催生了转基因种子的出现，如孟山都公司的转基因棉花。转基因作物可能污染生物多样性以及破坏遗传资源整体性。已有证据表明位于墨西哥境内遗传多样性中心的棉花被转基因棉花污染。新的知识产权法律正在造成种子和植物遗传资源垄断局面。面对世界银行的压力，从1998年开始全球种子政策便开始瓦解印度强大的公共政策部门及其种子支持系统。

孟山都公司通过腐败和欺骗逐步将转基因棉花引入印度农业领域。印度转基因棉花商业化始于2002年4月，孟山都公司则是主要技术提供方，并透过约60家地区性生物技术公司控制转基因棉花审批许可。孟山都公司和印度最大种子公司Mahyco签署的国际协议规定：三年内Mahyco需上缴20%的专利使用费，三年之后需缴纳专利使用费5%。即使孟山都公司在印度并无转基因棉花专利，但是也因棉花种子具有转基因特征而收取相应费用。

2004年，一位农民购买450克/包转基因种子价格为1 600印度卢比[1]，这其中就包括近725卢比的专利技术费用。某些邦政府也开始介入，要求孟山都公司降低种子价格，但是孟山都公司每年仍从印度农民攫取近340亿卢比利润。

过去二十年有机棉花和转基因棉花价格对比在此也有必要进行介绍。二十世纪九十年代，本地种子成本大概是每公斤9卢比。到了2004年，成本价格跃升到1 650卢比，尔后随即攀升到每450克大约1 800卢比。而如今，种子成本价格大致为每450克650卢比至920卢比。但是与转基因棉花进入印度前大约9卢比单价相比，现阶段价格仍然呈现不相称上涨趋势。

其他强制性介入因素如肥料、虫害以及基础设施如水、电等也是造成二十世纪九十年代中期成本略有上涨的原因。这种输入性成本上涨也迫使农民陷入债务陷阱。由于农业债务无法还清，处于棉花生长带的某些邦的农民已开始大量自杀。1995年到2015年，大概300 000名农民被迫自杀，他们中的很多人就在印度棉花生长带区域生活。

- 孟山都公司剽窃农民为适应气候变化而培育

[1] 以现有汇率折算约等于320元人民币。——译者注

的自留种。进入2000年，农民们逐渐对具有独特性状的自留种进行创新和进化。农民的创新集中在为适应气候变化和保护生物多样性培育自留种。而那些通过提升单一栽培和种植一致性而破坏生物多样性的公司巨头，现在转而使用专利等生物剽窃方式将农民集体性、累积性的育种成果据为己有。最近生物剽窃的表现即是对适应气候变化自留种主张专利。而在Navdanya[1]，社区种子银行从1987年以来就开始保留适应气候变化的自留种，以期在出现极端气候变化情形后允许分享能够天然授粉的适应气候变化的自留种。

孟山都公司正在剽窃农民集体创新的自留种。这些自留种能够适应干旱、洪水以及盐碱等自然条件。生物技术行业存在一种误解即在于它们认为如果没有遗传工程技术，人类将没有能力培育出适应气候变化的种质资源。

农民自留种具有产量高、含草量高等特征，这样便于帮助提高土壤肥力、保湿能力，或者作为绿色肥料或牛饲料以便持续保持土壤肥力。此外，农民自留

[1] 本书作者所在非政府组织。——译者注

种也被认为具有长期应对各种压力的能力，且能够持续提供产量。农民自留种也具有生态友好性以及食品安全友好性。

当遭遇1999年超级旋风和洪水之后，商业化、具有抗盐特性的国家经营的大米种质资源不能在奥利萨邦重新种植的时候，具有适应气候变化和野生适应能力强的农民自留种优势逐渐凸显。Navdanya提供的自留种在西孟加拉邦取得极大成功，直到今天仍旧需求不断。农民开发和使用这些自留种已有多年，所谓孟山都公司等基因工程技术巨头似乎也才刚刚唤醒它们的“潜能”。

孟山都公司获取了约1 500项适应气候变化的作物专利。这些作物具有适应气候变化的特征且会在气候不稳定的时候逐渐凸显重要性。而在沿海地区，农民也正在培育能够对抗洪水、盐度的大米品种，如*Bhundi*，*Kalambank*，*Lunabakada*，*Sankar-chin*，*Nalidhulia*，*Ravana*，*Seulapuni*和*Dhosarakhuda*。而像小米等则被选择作为对抗干旱，以及在缺水地区和年份内提供食物保障的重要作物。

孟山都公司申请了“提高植物对抗自然风险的方法和相关方式”等一揽子专利（尔后该专利名称被改为“一种提高抗热度、盐度、干旱度的转基因作物生产技术”）。这些作物所具有的特征是我们农民历经千年筛选所确定的，但是这些公司却将其用来开展育种测验。2013 年 7 月 5 日，印度知识产权上诉委员会主席亦为本案主审官普拉巴·斯易黛丽（Prabha Sridevi）和技术专员 DPS 帕玛先生（DPS Parmar）撤销了孟山都公司的上诉请求，并拒绝承认孟山都公司对所有适应气候变化作物的专利主张，理由是对这些种子和生命形式主张专利权均能导致“生物剽窃”出现。

“无主地”概念是指处于空闲状态的且能够让欧洲殖民者进入占领的土地，它曾被用于描述非欧洲居民被“殖民化”的过程，有关生命形式的“知识产权”事实上也属于“生物无主地”——存在生命形式知识产权空白。地球已被殖民者认为陷入死气沉沉的状态且再无能力进行创造，农民（我们看到的是没有穿白大褂而在拍牙膏广告的人）也被认为头脑空空且缺乏创造力。

“生物无主地”——缺乏生命形式知识产权的观点对地球、农民以及公民是不公平的且具有破坏作用。这种侵犯根植于否认创造性、地球所拥有权利以及取代生物多样性议题。

每颗种子均经历了数千年自然进化，而且也是数个世纪以来农民育种成果的重要体现。它也是他人攫取地球和农业社区知识的主要对象。农民培育种子以调和生物多样性，适应气候变化，保持味道[1]、营养、健康以及当地农业生态系统适应性。而工业化育种对自然和农民并无任何贡献。

我将一生奉献给保护生命、多样性和土著知识整体性活动，种子保护也是我们这个年代进行自我管理（Swaraj）的主要内容。这对于我们抵抗饥饿、营养不良和恢复食物味道[2]、营养成分和质量的能力是非常重要的。如果不对种子的生物多样性进行保护和进化，我们将没有能力适应气候变化。创设社区种子银行也是应对生命形式专利非常重要的具有创新性的做法。如果不这么做的话，我们的思维以及生命将会被某些公司巨头以生命专利方式将我们所在年代的自由核心内容殖民化。

---

[1][2] 食物自身原本的味道。——译者注

引 言

通过专利进行的生物剽窃：哥伦布第二次发现新大陆

引言：通过专利进行的生物剽窃：哥伦布第二次发现新大陆

1492年4月17日，伊丽莎白皇后和费迪南德国王授权克里斯托弗·哥伦布一项“发现和征服”❶特权。一年之后的1493年5月4日，亚历山大五世教皇通过教皇诏书同意“发现的和即待发现的所有岛屿和大陆，其中一百个左右可与西方国家结盟，而亚速尔群岛南部则应向印度靠近”。而那些没有在1492年圣诞节被基督教国王或皇后占领或控制的土地应留给卡斯蒂利亚王国的天主教国王伊莎贝尔和亚拉贡王国的费迪兰德。正如沃尔特·厄尔曼（Walter Ullmann）在《中世纪教皇制度》（*Medieval Papalism*）一书中所言：

> 正如手中的工具一样，教皇是上帝控制世界的代理人；教皇也受到精通宗教法规的人支持，它们认为可依据意愿任意处置作为财产的世界。

❶ 这项特权的内容为发现和征服领土。——译者注

特许权将生物剽窃行为转变为神圣意志。然而被殖民化的人们和民族并不属于教皇的“捐赠”对象，尽管依据教规欧洲基督教君王是所有民族的统治者。“不管他们在哪里且不管他们包括什么信条。”基督教“有效占领”的教义规则，以及目标土地的空缺，还有需要暴力制服基督徒的义务均被认为是特许权产生的重要原因。

由欧洲君王授予的教皇诏书、哥伦布拥有的特许权和专利为非欧洲居民的殖民化和灭亡提供了法理和道德基础。几个世纪过后，美国本土居民从1492年的近7 200万人急降至400万人左右。

而在哥伦布出现五百年后，一种与殖民化相类似的更长远的行为通过专利和知识产权制度得以展现。教皇诏书被《关税和贸易总协定》（GATT）取代，“有效占领”的教义规则被现代规则支持的跨国公司有效控制。目标土地的空缺正逐渐被新技术控制下的生命形式及种群空缺所替代。暴力制服基督徒的义务也被要求引入本地和国内经济实体参与全球市场竞争，以及将非西方体系知识表现形式引入受到“还原论”[1]影响的高度商业化的西方科学和技术之中。

通过剽窃其他财富而创造财产的做法与五百年之前情形一模一样。

---

[1] 一种哲学思潮。——译者注

跨国公司通过 TRIPs 协议主张知识产权保护的自由即是欧洲殖民者自 1492 年以来主张的自由。通过特权控制非欧洲居民的哥伦布被视为欧洲居民拥有天然权利这种观点的先驱。而通过欧洲国王和王后所签发的教皇诏书所授予的土地权利被视为特许权来源。殖民者的自由建构在奴役和征服当地居民原始土地权利基础之上。通过确认殖民地居民所具有的本性，进而将这种暴力接管行为界定为“天然”从而否认人性和自由。

约翰·洛克的财产权理论❶能够论证欧洲史上圈地运动中的盗窃和抢劫行为是合法和有效的。洛克明确提到资本主义自由是自由偷窃的前提；财产从自然环境中脱离并通过劳动力创设。劳动并非物质而是一种精神存在形式，并通过资本控制得以显现。依据洛克的说法，只有那些拥有资本的人才天然拥有控制自然资源的权利，而该项权利也取代了其他人之前主张的共同权利。资本因此被认为是自由之源头，这也否认了资本对所包括的土地、森林、河流、生物多样性和其他以劳动力为基础的主体所拥有的权利。私人财产回归公共状态被认为剥夺了自由资本所有者的权利。因此，农民、部落民众要求返还和获取那些被偷盗的权利和资源。

前述具有欧洲中心主义的财产观念，以及对“偷盗”行为

---

❶ John locke, Two Treatises of Government, ed. Peter Caslett (Cambridge University Press, 1967)

的看法构成《关税和贸易总协定》中知识产权法律规定和世界贸易组织创设基础。当欧洲人首次对非欧洲领域开展殖民活动，它们觉得有必要“发现和取胜”并（予以）“征服、占领及所有”。这也表明西方列强长期殖民的动力无外乎是发现、取胜、所有和占有一切、每个社区、每种文化。现在这些殖民者也正在逐步扩展其内部空间，如将活动对象扩展至来源于微生物、植物、动物（含人类）等生命形式的“基因编码”。

约翰·摩尔是一位肿瘤病患，但其主治医生却将其细胞申请专利保护。1996 年，位于美国马里兰州的一家制药公司也就妇女乳腺癌基因申请专利以垄断这类病患的诊断和测试活动。巴布亚新几内亚 Hagahai 和巴拿马 Guami 人的基因已被美国公司申请专利。

1996 年 9 月 17 日美国经济间谍法案颁布实施后，美国的知识开发和交换呈显著下降趋势。该法案同时授权中央情报局调查公民海外一般活动。该法案也认为公司的知识产权对国家安全至关重要。

有关“空闲土地”、无主地假设现在也被适用于“空闲生命形式”：种子和药用植物。殖民期间对本地资源占用也被认为具有合法性的原因是土著人民并不知道如何“提升”其土地利用价值。正如约翰·温斯罗普（John Winthrop）于 1869 年写道：

> 新英格兰的本地人，它们无任何土地、无可居住场所，也无被驯服的牛群耕种国家土地但是却对其国家享有天然权利。对这个国家来说，只要足够了解其使用现状，便能够合法地占有其他。❶

相同逻辑现在也适用于从最初的所有者和创新者手中获取生物多样性以确定种子、药用植物、药用知识是否具有天然、非科学的属性，以及将基因工程视为技术提升的标准。将基督教确定为唯一宗教，而将其他宗教和宇宙学❷视为原始之物，这同将商业化西方科学确定为唯一科学，而其他知识系统视为原始之物是同样的一个道理。

五百多年以前，非基督教文化已失去所有权利和利益主张。而在哥伦布发现新大陆五百年后，非西方文化、且拥有不同眼界、多样知识体系的人也失去所有权利和利益主张。这些人的人性将会被泯灭，而他们的智慧也濒于摧残。十五世纪和十六世纪所获专利中被占领的领域被视为“无人区”，这些专利权利主体也自然成为我们关注对象。

而在自然过程所带来的持续性征服活动中，生物多样性被

---

❶ John Winthrop，‘Life and Letters’，quoted in Djelal Kadir，Columbus and the Ends of the Earth（Berkeley：University of California Press，1992），p. 171.

❷ 一种从整体角度研究宇宙结构和演化的天文学分支学科。——译者注

确定为天然的——非西方知识体系的文化和智慧贡献正在被系统化地清除。

现阶段专利申请和授权情况与哥伦布（Columbus）、约翰·卡伯特（John Cabot）、汉弗莱·吉尔伯特（Humphery Gilbert）、沃尔特·雷利（Walter Raleigh）等遇到的情形极其相似。这些冲突并未在正处讨论过程中的《关税与贸易总协定》有关生命形式、土著知识、基因工程相关专利条款中得到解决，这些过程又可被描述和形容为哥伦布第二次发现新大陆。

哥伦布发现之旅被视为剽窃行为且被认为是殖民者的天然权利，这对于解救殖民地是非常必要的。而《关税与贸易总协定》的核心及其专利法律条款认为西方公司生物剽窃行为具有天然正当性且对第三世界社区的发展颇有必要。

通过专利和基因工程技术，新的殖民地正大量出现。土地、森林、河流、海洋以及大气层都被“殖民”“腐蚀”和“污染”。商业资本正在寻找可殖民的潜在区域以通过侵入和剥削实现未来积累。从我的观点来看，这些新的殖民地包括妇女、植物和动物身体内部构造。面对生命进化、非西方传统的未来和认识自然，对生物剽窃行为的抵抗即是对生命最终被殖民化的抵抗。这是一场保护多样性物种进化自由的战争，这也是一场保护多样性文化进化自由的战争，这更是一场保护文化和生物多样性的战争。

第一章

知识、创造力和知识产权

本章导读

创造力不仅存在于生物、生命体之中，也存在于知识表现形式之中。但由于知识表现形式呈现明显的差异性，现代知识产权制度及其国际法律理论和制度框架并未涉入所有知识表现形式。即使现代知识产权制度及其国际法律制度框架理论基础具有正当性，但知识产权具体制度设计对工商业发展带来的消极作用和负面影响渐趋显著。在生物多样性保护领域，知识产权制度确有必要，但并非必须。

何谓创造力？这应当是时下生命相关专利争论的核心议题。生命相关专利应包括生命系统内在的创造力，这种创造力可以复制且拥有大量自组织[1]自由。它们也包括妇女、植物和动物身体内部构造，还包括公共知识转为私人财产所产生的知识创造力自由空间。但是它们产生的影响事实上正好相反：扼杀了生命和社会创造知识的内在创造力。

不同的创造力

不管以个别抑或集体形式存在，科学终归是人类创造力的表现。而当创造力存在不同表现形式的时候，我发现科学就像多元化企业一样涉及不同的“认知”形式。对于我来说，我并不排斥现代西方科学，但前提是这些西方科学需要包括不同

[1] 一种系统理论，它是指在一个复杂系统中，其系统自组织功能愈强，其保持和产生新功能的功能也就愈强。——译者注

历史时代背景下的不同文化知识体系。晚近的历史、哲学和科学社会学的著作显示这些作者并未以一种抽象方法，而是以直接、中立的观察方式建构科学理论。关于科学上的主张，正如其他主张一样被视为是一种确证主义模式[1]的结果，它们不过是一群特定科学家对预先比喻和范例所做的承诺。这些源自实践活动而与科学相关的最新描述并没有给我们留下任何标准以从当代西方科学中区分土著、非西方科学的观点和主张。然而西方科学在西方文化中得到更广泛的实践并与西方文化、经济霸权而非文化中立密切相关。我们也应认识到多样性创造力的传统特征恰是维持多样性知识体系的必要因素。这在日益猖獗的生态破坏背景下尤为重要，因为即使极少部分的生态知识及观念、视野都能够与未来地球上生活的人类产生联系。

土著知识体系大体上来说都具有生态特性，但是科学知识的主要表现形式却呈现简单化和碎片化的特征，且不能完全忽视内部构造具有的复杂特性。科学知识非透明性特征在生命科学领域（主要处置生命生物体）尤为突出。生命科学领域的创造力包括以下三个方面内容：

1. 创造力本身就存在于生物体中并允许其进化、再创造和重构；

---

[1] 它是指事实的判断及意义取决于该事实是否能够被经验予以验证。——译者注

2. 土著社区创造力已经构成知识体系并能够保护和获取我们地球极其丰富的生物多样性；

3. 大学或合作实验室里的现代科学家创造力主要表现在发现并使用前述生物体并产生效益。

认识不同创造力于生物多样性和知识产权保护是至关重要的，它可能存在于多种文化氛围或弥漫于大学之中。

知识产权和知识表现形式多样性的破坏

知识产权（制度）被认为是一项回馈和认识知识创造力的工具。由于创造力的性质和非西方科学被长期忽视的现状，TRIPs 协议文本中对知识和创造力的界定过于狭窄。从理论上来看，知识产权（制度）被认为属于思想产品的财产性权利。人们无时不刻在进行创新和创造。若知识产权（制度）既能够反映传统知识表现形式多样性，又能够反映财产体系、权利体系知识模式的话，它们将产生丰富的、令人惊奇的知识排列组合。

正如全世界对《关税和贸易总协定》和《生物多样性公约》以及美国单方面推行贸易法案特殊 301 条款等现象进行讨论一样，知识产权（制度）是知识表现形式单一化的一剂良药。这些工具被美国用于专利制度全球化，该进程也不可避免地通过替换认知方式、以及其他知识创造目标和分享形式而出现知识和文化贫困现象[1]。

《关税和贸易总协定》最终法案，即 TRIPs 协议的起草以严格限制创新概念为基础。很明显，这种做法最主要还是支持跨国公司，尤其反对普通民众和第三世界农民、土著居民。

TRIPs 协议限制知识产权的方式首先是将“共同权利”转变为“个人权利”。在前言部分，知识产权仅被限定为个人权利。它排除所有处于“共同领域的知识”，如处于农民所居住村庄内、森林部落成员内甚至大学科学家之间的知识、思想、创新。TRIPs 协议因而成为“共同领域知识”私有化和公民社会非理性化的工具，这种思维正在被跨国公司垄断性地推广和实施。

TRIPs 协议继而通过灌输知识和创新能够产生利润而无法满足社会需要为由限制知识产权。依据该协议第二十七条第一款，知识产权或创新必须能够满足工业应用需要。该项规定随即排除那些生产组织产业模式中具有产值和创新的部分。利润和资本累积成为创造力唯一结果，社会商品不再被受到重视。而在跨国公司控制下，小范围内的产品“去工业化”现象[2]也

[1] 一种从社会文化角度讨论贫困现象的理论。——译者注

[2] 它是指降低国民经济构成中制造业的现象。——译者注

开始在社会某些非正规部门出现。

通过否认天然和其他文化因素的创造力，甚至通过创造力获取商业利益的时候，知识产权（制度）开始变为“知识剽窃”或“生物剽窃”的代名词。同样地，人们对于习惯、知识共同权利和资源的主张也开始转变为“剽窃”或“盗窃”的声明。

美国国际贸易委员会认为美国每年贸易额下降1 000亿～3 000亿美元的原因是第三世界国家缺乏足够的知识产权保护。然而当认识到第三世界生物多样性价值和知识传统表现形式被美国自由、免费使用获得商业利益的时候，美国而不是像印度这样的国家，正在积极开展剽窃活动。

即使美国很多专利都是以第三世界生物多样性和知识为基础，我们也不能错误地认为因为失去知识产权保护，创造力将会趋于灭亡。正如罗伯特·舍尔伍德（Robert Sherwood）说道，“人类创造力对任何国家来说均是无穷的国家资源。正如矿山蕴藏黄金一样，如果并没有鼓励开采，它们是不会消失殆尽的。知识产权保护仅是一种让资源得以释放的工具。”❶

当知识产权（制度）真正发挥效用的时候，有关创造力的解释完全否定了自然创造力、以及工业界和非工业界社会大

---

❶ Robert Sherwood, *Intellectual Property and Economic Development* (Boulder, San Francisco, and Oxford: Westview Press)

众基于非营利性动机产生的创造力。它完全否认了传统文化以及公共领域创新。事实上，对知识产权（制度）的主流解释与说明也导致了对创造力的充满戏剧性的曲解认识，不过这也可作为了解不平等和贫穷历史的结论。

富裕的工业化国家与贫穷的第三世界国家在经济领域不平等是五百多年以来殖民化的必然产物之一，而这种状态延续和相应的机制仍然在不断压榨第三世界的财富。依据联合国开发署资讯，北方国家每年向南方国家资助500亿美元用于医疗卫生救助的同时，南方国家每年同样需要耗费近500亿美元用于还清债务利息和弥补由于不平等贸易规则造成商品公平价格损失。与国际经济体系结构不平等系第三世界贫穷之根源观点不同，知识产权（制度）支持者认为贫穷来源于缺乏创造力，进而认为贫穷是因为本质上缺乏知识产权（制度）保护。

例如，罗伯特·舍尔伍德（Robert Sherwood）在其著作《知识产权和经济发展》中提到两个故事，一个是真实事件，而另一个系杜撰而成。在论述中，他也试图就非知识产权保护国家和知识产权有效保护国家的普通民众心态进行一番对比：

> 一位美国水泵制造商，他是我纽约州北部住所邻居，他向我提到某些定期拜访客户提供的水泵压力数值很有参考价值。然而他的妻子对其半信半疑，这位制造商便夜以继日地进行设计、试验并就设计方案申

请专利保护。然而他将其房屋进行二次抵押并随后获得银行贷款在很大程度上源于其所获专利的价值。他成立一间小型公司，雇佣若干人员并在二十年后新的压力数值取代旧的压力数值之前创造了乘数效应。该制造商可能还不知道这就是知识产权的作用。他仅简单认为应当申请专利并开设公司而已。

而在秘鲁首都利马，一位名叫卡洛斯（Carols，虚构人物）的年轻人做着一份替换卡车和轿车消音器的焊接工并过着困顿的生活。他曾经考虑过是否能够用夹钳简单固定消音器位置。然而他的妻子对其半信半疑，请问他能够夜以继日地设计和开发这款夹钳吗？他可能需要帮助配装模型。请问他可以和朋友和铁匠一起合作吗？他需要金钱购买铁板和其他工具。请问他可以将钱藏在床褥下面吗？请问他可以搭乘汽车到老家向姐夫借钱吗？上述问题的答案多半消极且具有强烈偏见的原因是该国缺乏知识产权保护。在没有太多知识产权保护意识前提下，他的妻子、姐夫以及卡洛斯（Carols）本人等来自于它所居住的社区的智慧被认为是受到损害的且容易被他人替代。他们也并非想当然地认为他们想法会受到保护。

在这两个故事中，对于他们思想是否可受知识产

> 权（制度）保护缺乏自信的表现或许在很大程度上将导致卡洛斯在每个需要决定的时刻反应消极。如若卡洛斯的故事多次出现的话，那么该国将会出现毁灭性的机会损失。不过当知识产权（制度）保护成为现实，有关知识财产具有价值和值得被保护的自信将会逐渐增长。创新性和思维的创造习惯，作为知识产权（制度）核心，将会在人们心中逐渐传播。[1]

知识产权（制度）的核心理念存在一种谬误，即人们具有的创造力由于能够创造利润而受到知识产权（制度）保护。否认科学创造性并不是由追求利润空间这一行为导致。然而这种否认传统社区和现代科学团体创造力的观点，和自由交换思想作为创造力产生条件的观点并非背道而驰。

专利（制度）成为自由交换的障碍

目前并无切实证据表明专利（制度）正从客观上促进创新。雷纳德·赖希（Leonard Reich）在1983年所著《美国工

[1] Robert Sherwood, *Intellectual Property and Economic Development* (Boulder, San Francisco, and Oxford: Westview Press), pp. 196-197.

业研究的产生》一书中提到专利（制度）曾被用于阻止其他对手进入市场。例如，作为植物新品种保护扩张工具，以及美国法院试图将微生物纳入实用新型专利的结果，全球若干独立种子公司在过去几十年间减少了市场份额。很多大型的石化公司和制药公司巨头也将其经营领域延伸至种子市场。这种寡头垄断发明局面的出现并没有增加而正在逐渐减少。

一个强大的专利（制度）并非经济发展的主要原因，甚至在工业化国家也是如此。1977 年，英国两位学者 C. T. 泰勒（C. T. Taylor）和 A. 西波斯顿（A. Silberston）观察了 44 个大型工业领域后发现，总体而言专利（制度）对发明和创新速度及方向的影响是最小的，但是非基础性化工行业仍是例外。

麦德文·曼斯菲尔德（Edwin Mansfield）以美国 1981～1983 年工业数据为依据进行研究。在对 12 个工业领域随机抽取公司样本进行分析后发现，专利（制度）保护并非电子设施、办公设备、摩托车装造、仪器、原料金属、橡胶以及纺织行业必须采用的手段；在其他三个行业（汽油、机械和金属制造业），专利（制度）保护被认为是一种对创新发展和表现作出至少 10%～20% 贡献的手段；而在制药和化工行业，专利（制度）对创新的贡献至少达 80% 以上。

因此，专利（制度）并非开创创新和创造风气的必要手段。它们更重要的作用在于控制市场。事实上，专利（制度）

扼杀了科学家之间的自由交流，这种现象也破坏了科学社团之间的社交创造力。

专利（制度）是知识产权（制度）最主要类型。只要专利（制度）与科学研究存在关联，那便是沟通过程的终止。当科学家不再公开就流行的神话绘本展开讨论的时候，与试图将专利保护作为主要关注焦点的商业公司开展合作的这些科学家们便给科学交流带来了威胁。正如知名核生物学家伊曼纽尔·埃博斯坦说：

> 在过去，各研究伙伴之间一时兴起交换观点、分享发热的闪烁计数器❶或电泳槽的最新发现、展示论文初稿及作为同伴参与热心研究再正常不过。
>
> 然而前述现象一去不复返。现今任何一位加州戴维斯分校的、可能拥有新的具有倾向性地、有关作物改良发现之后……他会思考再三后再同其他任何一位与位于戴维斯的作物基因私人公司有联系的专家——以及与那些可能会跟任何其他人交流的同伴进行沟通。我知道这种工作上的局限早已在校园广为

❶ 一种通过光电器件记录射线强度和能量的探测装置。——译者注

流行。[1]

为了反映大学——工业领域科学研究停止公开的复杂程度，马丁·肯尼（Martin Kenny）发现：

> ……这种正在抢先获得而产生的恐惧或眼睁睁地看着某人成果转化为商品的感觉可以让某些可能是同伴的人闭嘴。看着某人生产的材料变为可以销售的产品而失去控制权的人会觉得（自己）的权利遭到侵犯。这种爱心劳动转化为一件普通商品——这项工作现在看起来变为一项可以市场价格为基础而进行交换的物品。金钱变为科技发展价值的评价工具。[2]

然而这种公开性、自由交换思想和信息以及材料与技术对研究团体的创造力和生产力来说却是尤为重要的。

通过引入科学秘密及相关制度，知识产权（制度）以及对知识商业化和私有化的进程扼杀了研究团体及其创造力。知识产权（制度）利用创造力扼杀了知识的最初来源。我们知道蓄水池在迅速干涸后并不能马上自动装满。常识也告诉我们

---

[1] Emanuel Epstein, quoted in Kenneth Martin, *Biotechnology: The University-Industrial Complex* (New Haven and London: Yale University Press), pp. 119-110.

[2] Martin Kenny, quoted in Biotechnology: *The University-Industrial Complex.*

当树木根基不能吸收营养的时候，它便会凋零。知识产权（制度）作为获得社会创造力产品的有效机制，却并不是补给和培育“知识之树”的有效机制。

“知识之树”所遭受的威胁

经由微妙地处理，尤其是在经历大规模开发或获得利润之后，“科学知识之树”的根系正逐渐枯竭。

最显著的过程即是大卫·埃伦菲尔德（David Ehrenfeld）提到的“遗忘”。正如通过商业化而产生螺旋形利润过程中，其他人经常忽视科学本身规则和具有的专业性特征，即使它们是形成知识体系的重要基础。知识产权（制度）使得研究目标偏向更大的商业利润。正如分子生物技术成为生物技术领域最主要的来源一样，其他生物学科分支正濒临消失和灭亡。我们正处于失去区分行星或动物能力的边缘时刻，我们也正在忘记这些种群之间如何进行沟通以及它们所处的环境。

蚯蚓是影响我们生存至关重要的生物种群之一。农业生产通过蚯蚓可以提高土壤肥力，然而土壤肥力大小又依赖蚯蚓数量多少。它们通过处置自身排泄物提高土壤肥力和土壤中空气、水分渗透性。

1891年，查尔斯·达尔文（Charles Darwin）出版了其有关毕生研究蚯蚓的扛鼎之作，在这本书中提到：

> 人们或许会质疑是否还有其他动物能够在人类历史中发挥如此重要的作用，尽管它们是一群具有低组织特性的动物。[1]

不过，正如大卫·埃伦菲尔德（David Ehrenfeld）所述，人们对蚯蚓生态活动的认识和了解正逐步退化：

> 在写作过程中，巧遇一位对北美蚯蚓分类学颇有见地的积极工作的科学家。她所在的单位是爱荷华州一所很小的私立大学。其他蚯蚓分类学家大多在波多黎各大学工作，但是她仅在西班牙开展研究。作为第三位蚯蚓分类学家，并受到其母亲指点，她之前一直在俄勒冈州邮局工作。而第四位以及最后一位位于墨西哥以北的北美地区科学家曾经善于进行蚯蚓分类，但是现在为了维持生计而在加拿大新布伦瑞克省担任警方律师。目前在美国和加拿大已无大学生学习蚯蚓分类学。而在五十年前，至少有五位科学家及他们的

[1] Charles Darwin, *The Formation of Vegetable Mould Through the Action of Worms with Observation of Their Habits* (London: Marray, 1891).

学生在该领域从事研究活动。这种情况在全球其他地区亦是如此：澳大利亚是一个长期关注蚯蚓研究的国家，但是现在也是人才匮乏；英国博物馆已经停止蚯蚓分类活动。

以上有关蚯蚓的例子并非孤例。我们越是获得更大的成就，我们便越是遗忘更多。然而在无知海洋中什么是我们使用的最昂贵的技术呢？[1]

不过一旦优先关注事项从社会需求转至投资潜在回报，作为商业引导研究活动的主要标准之一，整个知识流动过程以及认知过程将会被遗忘甚至消失。当前述各个领域并不具有商业利润价值的时候，它们仍然是社交必需。我们需要特殊领域分类学专家，如微生物、昆虫、植物领域的专家以应对生物多样性毁灭带来的灾难。当我们忽略其用处和必要性，仅关注其利润的时刻就是我们破坏创设知识多样性所需社会条件的时刻。

---

[1] David Ehrenfeld. *Beginning Again*（New York and Oxford：Oxford University Press，1993），pp. 70–71.

知识共享的“圈地运动”

“知识之树”也因为我所谓的“知识共享的圈地运动”濒于停止。公共领域的创新对知识产权（制度）私有化创新是极其必要的。但是，知识产权（制度）投资回报逻辑不能填补公共领域公众支持付出的成本。很多背景研究也揭示多数专利开发活动需要大量公共资金投入。不过有关专利发现应用研究成果表明，这种报酬大部分都被私自挪用。

现阶段出现的反对 TRIPs 协议和对生命施加专利保护的运动是保护自然创造力和知识系统多样性的重要表现。它保护了我们未来所依赖的创造力。

第二章

生命可以创造吗　可以被拥有吗

——重构生物多样性

本章导读

生命形式存在的价值即为独一无二的自我组织与复制能力。然而这种价值却被基因工程技术强行“侵入”并任由发展从而诱发道德、经济、政治、生态等领域多重问题。基因工程技术推动生命形式的知识产权化亦是前述发展的主要表现之一，但是生命形式的知识产权化却否认了生命形式具有的自我组织与复制能力。

1971年，通用电气和它的雇员，安纳德·莫罕·查克拉瓦蒂（Anand Mohan Chakravarty）就一项转基因的假单细胞菌申请专利。查克拉瓦蒂将选取的三种不同细胞质粒转换成四种细胞质粒。正如他提交的申请说明一样："我仅是在简单打乱基因次序后改变现有细胞而已。"

查克拉瓦蒂成为专利权人的理由是此微生物并非来自天然，因此它的发明具有可专利性。正如安德鲁·金德利（Andrew Kimbrell），一位美国知名律师回顾称："对先前这个令人震惊的判决，美国法院似乎并未意识到专利权人能够'创造'微生物的表现仅是简单地转换基因，而并非创造生命。"❶

而在如此不稳定的基础之上，美国授予首个生命相关专利；尽管依据美国法律依然排除动物和植物被授予专利可能性，但从此开始美国已经能够对所有类型生命形式授予专利。

❶ Andrew Kimbrell, *The Human Body Shop* (New York: Harper Collins Publishers, 1993).

目前，大约超过 190 种的转基因动物，如鱼、牛、小鼠以及猪等，正由一批研究人员和公司提出专利申请。

金德利也说道：

> 美国联邦最高法院对查克拉瓦蒂判决外溢效应正在显现，美国专利适用对象将延伸至所有生命周期。微生物可专利性使得植物、以及动物被授予专利成为不可逆转的趋势。❶

生物多样性被重构为“生物技术创新手段”而使得生命形式专利看上去不那么让人产生争议。这些专利形式至多维持 20 年，因此也可能囊括若干植物和动物后代。但是即使是大学或公司科学家在打乱基因次序的过程中，它们对所获得专利权的“有机物”的行为也不能被认定为“创造”行为。

回到查克拉瓦蒂那件具有里程碑意义的案子，法院认为他“创造了一个与自然（客观）存在相比具有明显不同特征的新细胞”，美国国家科学院视界委员会（Committee on Vision of the National Academy of Science）项目负责人基·迪斯慕克斯（Key Dismukes）认为：

> 我们需要明确一个观点，查克拉瓦蒂并没有创造

❶ *Ibid.*

> 新生命；这仅是一种通过常规干预细胞菌株交换基因信息过程方法而产生的新陈代谢节奏被改变的“新”细胞。“它”的细胞生存和复制动力也对其他细胞生存具有指导意义。目前直接对细胞基因进行生化处理细胞 DNA 的重构技术远胜于查克拉瓦蒂使用技术，但是这些技术也仅是生物科技细微调整而已。我们无法预计是否已远离重新创造生命的时代，但我却因此深表感激。那种所谓细胞是查克拉瓦蒂平时手工作业并非源于天然的说法夸大了人类才能，并展现出对生物学的无视和狂妄无知。这种态度可能会对地球生态带来毁灭性的影响。[1]

当支持简化论[2]的生物学家声称有关生命形式的专利大约95%的 DNA 是垃圾（这即意味着专家并不知道这些 DNA 功能究竟是什么）的时候，上述无视和狂妄无知态度越加明显。当基因工程师声称准备改造生命形式的时候，他们往往使用这些垃圾 DNA 来评判结果。

一只名叫 Tracy 的羊是制药蛋白质有限公司（Pharmaceu-

---

[1] Key Dismukes，quoted in Brian Belcher and Geoffrey Hawtin，*A Patent on Life*：*Ownership pf Plant and Animal Research*（Canada：IDRC，1991）.

[2] 一种局限于某类特征来分析解释各种复杂社会现象的研究方法。——译者注

tical Proteins Limited，PPL）科学家运用生物技术创新手段的得意之作。Tracy 被称为“哺乳细胞生物反应器”，因为通过植入人类细胞，它的胰腺可以产生一种名叫 a1 抗胰蛋白酶的蛋白质，这种蛋白质可用于生物制药。PPL 公司负责人表示，“这头羊的胰腺确实是一间极好的工厂。我们的羊并没有为工厂提供羊毛，相反仍怡然自得地在闲逛且做着‘最舒适’的工作。”

当他们声称基因工程师开启“生物技术创新手段”的时候，PPL 公司科学家正在利用垃圾 DNA 获得高产量的 a1 抗胰蛋白酶。依据詹姆斯（James）的说法，“我们失去了很多随机的、少量的 DNA 片段（特别是上帝留给我们的那些具有高产量的 DNA 片段）”。不过在专利主张过程中，科学家转身而成为上帝，即那些获得专利生物体的制造者。

而且，未来动物后代并不能被准确认定为专利权人“发明”；它们仅是生物体拥有再生能力的产物。不过借用比喻说法，“专利”更像是制造机械的“工程师”，在 550 颗羊胚胎中注入经过杂交的 DNA 片段，449 颗胚胎成功发育。当这些胚胎被转入代孕母体中，仅有 112 只羊羔出生，将近 1/5 羊羔被注入人类 DNA 片段。而在这些羊羔中，仅在三只羔羊奶中发现了 a1 抗胰蛋白酶，其中两只羊奶蛋白质含量高达 3 克/升之多。不过 Tracy 是 12 只基因改造羊羔中唯一一只能够产生

"黄金蛋"和羊奶蛋白质产量高达30克/升的母羊。

支持简化论的生物学家观点特征之一即是在忽略结构和功能基础上得出有机物和功能无效用的结论。因此，作物和树木都被认为属于"野草"。[1]森林和牛的品种也被认为"微不足道"。不过DNA的角色也不应被理解为"垃圾DNA"，将分子主要部分去除并将其视为垃圾恰是由于我们的漠视表现忽略了对生物过程的了解。"垃圾DNA"也能起到关键作用。Tracy就是因为PPL公司科学家的漠视而被注入"垃圾DNA"进而提高蛋白质产量，这并不是他们知识和创造力所能成功达到效果。

当基因工程技术模式化能够被决定论者确定和预测时，对存活生物体的人工处置的非决定性、不可预测性特征日趋凸显。除了工程模式理论与实践之间存在差异外，收益和回报与风险承担之间的差异也是非常重要的因素。

当生命形式被赋予财产权的时候，它的赋权基础为创新性、新颖性而非天然性。当"所有者"来承担转基因生物释放结果的时代到来之时，生命形式瞬间不再具有创新性。它们是天然的，因此也是安全的。生物安全议题的提出也被认为是

[1] Vandana Shiva, *Monocultures of Mind* (London: Zed Books, 1993).

不必要的。[1]因此，当生物体被赋予所有权的时候，它们被认为是天然的；当环保主义者控诉转基因生物释放产生的生态影响时，这些生物体也被认为是天然的。这种对“天然”性质的建构呈现的偏差表明即使是最强调客观性的科学也会在最接近本质的事实上表现出主观性和机会主义。

对“天然”性质的建构的非一致性在婴儿配方奶粉添加人类基因工程蛋白质事例中得到明确展现。Gen Pharm 这家生物技术公司是世界上第一头转基因奶牛 Herman 的所有者，Herman 是该公司科学家生物技术工程的产物，该工程在牛胚胎中植入人类基因以使得牛奶具有人类蛋白质成分。该公司牛奶主要用于制作婴儿配方奶粉。

当 Herman 及其后代出现所有权主体时，改良后基因及其组成的生物体便不再被认为具有天然性质。当人们发现从 Herman 后代乳房提取的牛奶含有生物技术成分继而对婴儿配方奶粉安全性抱有疑问的时候，该公司仍然会称，“我们制造奶粉的工艺与蛋白质天然产生过程完全相符。”Gen Pharm 公司首席执行官，乔纳森·马奎提（Jonathan MacQuitty）试图让我们相信通过转基因改良奶牛所产牛奶蛋白质而制造的婴儿配方奶

[1] Rural Development Foundation International Communique, Ontario, Canada, June 1993.

粉就是人奶。“人奶是‘黄金标准’，过去二十年来好多乳业公司也在比照人奶标准不断增加各种成分。”

从这个角度分析，奶牛、妇女以及幼儿都成为了商品产销和利润最大化的工具。[1]

专利保护、健康与环境保护领域之间建构天然性、创新性的非一致性并不是特别明显，Gen Pharm 也完全改变了制造转基因奶牛的目标。它们现在也得到伦理委员会同意，即通过育种繁育活动将改良的人类基因用于制造乳铁蛋白以惠益于癌症或艾滋病人。

对生命形式授予专利加速了两个方面的知识曲解。其一，生命形式仅被认定为属于机器，进而否认其自我组织能力；其二，通过允许授予未来后代植物和动物专利保护，有关生命体自我复制能力亦被否认。

生命形式不像机器一般，它们可以自我组织。正因为具有这种能力，它们才不能被简单地认为属于“生物技术创新产物”“基因构造物”或“思维之产物”而具有知识产权可能性。

生物技术工程形式的理论基础来源于生命形式可制造的假设。关于生命形式专利的假设称生命形式因为可以制造所以能

[1] *New Scientist*, January 9, 1993.

够被主张所有权。

基因工程技术和生命形式专利是科学知识和自然商业化的最终表达，且开创了科学和工业革命。正如卡洛琳·麦茜特（Carolyn Merchant）在《自然的死亡》（*The Death of Nature*）一书中说道，“科学简化论者的出现使得自然趋于公开死亡、存在惰性和趋于无价值。因此，应当允许利用和支配自然而可全然不顾这一行为产生的社会和生态后果。”[1]

科学简化论者的出现与科学商业化进程有密切关系，这也对妇女和来自非西方世界的人们进行控制。它们多样性的知识体系并不被认为属于认识的正式表现形式。而当商业化成为目标的时候，简化论便成为科学有效性的标准。非简化论者和对于认识的生态化方式，以及非简化论者和知识生态体系正被抛诸一旁或边缘化。

基因工程技术形式正通过重新界定作为“人造”现象的生命形式和生物多样性以排除濒临消失的生态范式。

生物学领域简化论者的出现对于基因工程技术体现的商业利益有所裨益，生物技术行业本身也正在被基因工程化，这也可以通过提供资助、获得奖励和认识得到答案。

---

[1] Carolyn Merchant, *The Death of Nature*: Women, Ecology and the Scientific Revolution (New York: Harper & Row, 1980), p. 182.

基因工程技术和生物学领域简化论者的出现

生物学领域简化论者的出现具有多重原因。从物种层次来看，简化论者仅将价值恒定于某项特定物种——人类——并认为其他物种对后者而言具有工具价值。这种观点也可说明对人类具有较低价值的所有物种应被取代或加速灭亡。单一物种的存在和生物多样性的灭失是生物学领域简化论者的必然结论，尤其适用于森林、农业和渔业领域。我们将其称为一级简化论。

生物学领域简化论者正呈现二级简化主义特征——即基因简化主义——生物体所有行为的简化，包括人类甚至基因。当新议题如生命形式是否可专利化的时候，二级简化主义扩大了一级简化主义生态风险。

当它贬低很多知识表现形式和道德体系内在价值的时候，生物学领域简化论者也表现为文化领域简化论。这涉及所有来自非西方体系的农业、药物以及西方生物学的准则，它们并不被允许进行基因和分子简化主义，但是它们对于维持生命世界的可持续性仍然是必要的。

奥古斯特·魏斯曼（August Weismann）强烈推崇简化论

者及其观点，他在近一个世纪前就假定从可复制细胞中，如功能机体或体细胞完全分离出胚胎细胞。根据魏斯曼理论，可复制细胞已能从早期胚胎中分离出来并隔离生存至成熟，直到持续形成后代。这也支持了在环境要素无直接反馈情况下，后天特征不能遗传的观点。而不太常见的“魏斯曼障碍”（Weismann barrier）也被用作讨论生物多样性本质即是“种质资源”保护的范式。魏斯曼在早期就主张种质资源脱离于外部世界。为了更好地适应处于变革状态的变化过程，即具备更多地可复制能力，直接导致了生命形式之间相互竞争这一意外错误。❶

一个世纪前，魏斯曼经典实验就被用于证明后天特征能否遗传。他切取22个世代的老鼠的尾巴进行研究后发现后代仍然生出了与前代相同的尾巴。通过牺牲数百只老鼠也仅能证明这种类型的切除行为并不能为可遗传性提供证明。❷

将基因进行分离并作为“控制分子”是部分生态决定论者的认识，将基因“中心法则”——即DNA主要用于生产蛋白质奉为圭臬是另一部分生态决定论者的认识。即使基因一无

---

❶ Robert Wesson, *Beyond Natural Selection* (Cambridge, MA: The MIT Press, 1993), p. 19.

❷ J. W. Pollard, 'Is Weismann's Barrier Absolute?', in eds. M. W. Ho and P. T. Saunders, *Beyond Neo-Darwinism: Introduction to the New Evolutionary Paradigm* (London: Academic Press, 1984), pp. 291-315.

是处，该法则也可能被得到支持维持。正如理查德·翁亭（Richard Lewontin）在《DNA准则》（*The Doctrine of DNA*）一书中提到：

> ……特别是在没有反应的、具有化学惰性的世界，DNA就是死去的分子。它本身没有复制能力。然而，它却通过复杂的蛋白质细胞机制创造了原始材料。我们经常认为DNA创造了蛋白质，实际上是蛋白质创造了DNA。
>
> 当我们提到基因具有自我复制能力时候，我们试图赋予其一种不可思议的自我控制力量使得其成为身体结构最常用材料来源。若世界上果真具有自我复制能力的物质，那一定不是基因，而是整个被视为复杂系统的生物体。[1]

基因工程技术将我们引入二级简化主义阶段，这是因为不仅生命形式被认为已脱离于客观环境，而且基因从整体上而言也脱离了生物体本身。

分子生物学的准则被塑造为经典准则，“中心法则”也是简化论者思维的最终结果。

---

[1] Richard Lewontin, *The Doctrine of DNA* (Penguin Books, 1993), p. 6.

而在同时，马克思·普朗克（Max Planck）、尼尔斯·波尔（Niels Bohr）、埃尔文·施罗丁格（Erwin Schrodinger）和他们富有才华的团队修正了牛顿物理宇宙的观点，生物学开始朝简化论方向发展。[1]

生物学领域出现简化论并非偶然，它是经过严密构思的范式。正如莉莉·E. 凯，（Lily. E. Kay）在《从分子视域看生命》一书中提到，洛克菲勒基金会在二十世纪三十年代至五十年代曾经是分子生物学研究主要支持者，而“分子生物学”这个词是时任基金会自然科学学部主任华伦·韦弗（Warren Weaver）创制的。这个词试图抓住基金会资助项目核心内容，即此项目研究重点在于生物实体根本的细微部分。

洛克菲勒基金会强大的经济实力促进了简化论研究范式中有关生物学认知和理论结构的重构。在1932～1959年间，基金会在美国投入2.5亿美元资助分子生物学研究，投入资金数额比基金会在除医药领域以外（这其中包括在二十世纪四十年代早期对农业领域巨额投入）投给生物科学领域的数额还多1/4。[2]

---

[1] *Beyond Natural Selection*, p. 29.

[2] Lily E. Kay, *The Molecular Vision of Life*: *Caltech*, *The Rockefeller Foundation and the Rise of the New Biology* (Oxford, England: Oxford University Press, 1993), p. 6.

基金会资金的推动力引导分子生物学发展方向。在1953年以后的若干年间（即当DNA分子结构被人类解读后），诺贝尔奖便授予给开展基因分子生物学研究的学者，他们中便有一位全部或部分接受过韦弗指导下的洛克菲勒基金会资助。[1]

在全新领域投入巨资的行为背后所蕴含的动力，使得人类科学发展为一个具有相对完整的解释功能的、以自然、医学和社会科学知识为基础的可以应用的社会控制结构。可以想象在二十世纪二十年代，当时某些全新领域被确定为“人体工程学领域”出现的专家治国学说的目的是试图重构与工业资本主义社会结构不太协调的人际关系。而在该领域内，一个以物理学理论为基础、全新的生物学研究分支（最初取名叫“物理分子学”）异军突起，它们经过缜密论证并最终控制规范人类行为的基础机制，同时它们特别强调遗传作用。至于等级制度和不平等现象的存在是自然而然的。理查德·翁亭（Richard Lewontin）在《DNA准则》（*The Doctrine of DNA*）中还提到：

> 自然主义的解释意味着我们不仅应从先天能力出发思考问题，还应考虑这些先天能力是否依据生物学规律而代代相传。这即说明，它们是我们的基因。遗

[1] Ibid.，p. 8.

传学最初的社会和经济想法正在逐渐转变为生物学意义的遗传特征。[1]

从优生学角度来看，生物学领域简化论有关认知和社会目标的结合有着非常强烈的历史联系。在二十世纪三十年代，洛克菲勒基金会支持了一系列以优生学为导向的研究项目。当创立“人类新的科学分支”之初，通过选择性育种而实现社会控制目标便不再具有合法性。

准确的说是因为旧的优生学理论已失去科学意义上有效性，以坚实研究基础为依托，有关人类遗传及相关行为的研究课题大有可为。当那些粗糙的优生学原则和过时的种族理论不再被认为支撑社会控制的时候，从物理化学角度对基因进行一场有预谋的攻击便自然而然。分子生物学研究项目，通过对简要生物系统和蛋白质结构进行研究和分析，提供了一种更具确定性（即使有些缓慢）以更加友好的、以优生选择为基础的社会规划模式。

简化论在自然和社会领域也被认为是从经济和政治角度控制多样性的优先范式。

基因决定论和基因简化论观点也在相互扶持。但是与科学相比，基因最基本的特征是具有较多的意识形态。基因并非独

---

[1] *The Doctrine of DNA*，p. 22.

立个体，但是相互依赖的整个组成部分也正在发挥实效。细胞所有组成部分相互影响、基因之间的组合起码对生物体创设过程造成了非常突出的个别影响。

从更广泛意义上说，一个生物体不能简单地被认为是系列蛋白质和相应基因的产物。基因具有多重功能，很多生物体的特征都是由多个基因共同决定的。

不过，即使基因工程技术各个环节与“控制分子”和“中心法则”概念相去甚远，前述线性思维、简化论与基因决定论的因果关系是显而易见的。正如罗杰·瑞温（Roger Lewin）所强调的：

> 限制酶位点❶、促进剂、遗传算法、操纵子❷和增强子（有关增加相互联系的基因转录频率的DNA序列）各司其职。所以不仅是DNA产生了RNA，RNA通过逆转录酶的作用也产生了DNA。❸

简化论的解释路径以及理论效果方面的缺陷也通过意识形态的效果和经济和政治层面的支持而得以弥补。

---

❶ 一种基因测序的方法，主要原理是查询基因上可以被酶作用的部位。——译者注

❷ 有关启动、操纵和相互联系的结构基因总称。——译者注

❸ *The Molecular Vision of Life*：*Caltech*，*The Rockefeller Foundation and the Rise of the New Biology*，pp. 8-9.

某些生物学家的想法过于超前，要么过于兴奋地认为基因将取代有机物，要么将有机物贬低为一台机器。然而机器的唯一目标仅是自我留存和进行复制，或者更准确地说是将留存和复制的DNA以满足研究需要和“指导”操作。用理查德·道金斯（Richard Dawkins）的话说，一个生物体就是一台留存的机器，它类似“伐木机器人”主要用来储藏那些具有以自我为中心等内在特征的、“具有自我保存功能工具”的基因。它们自我封闭于外部世界，并拐弯抹角地以非直接的方式进行沟通，同时通过遥控操作业务。它们在你的身体内，也在我的身体内。它们创造了我们的身体和思维。它们得到保存也是我们人类存在的基本道理。[1]

简化论具有认识论、道德、生态和社会经济方面的意义。

从认识论上说，它产生了一种机械世界观以及生命形式具有丰富多样性的观点。它使得我们忘记了现存生物体具有自我组织能力的现状。它剥夺了我们敬畏生命的可能——同时，一旦失去了这种能力，地球上保护种类多样性便愈发不可能。

---

[1] Roger Lewin, *How Mammalian RNA Returns to Its Genome*, Science 219 (1983): 1052-1054.

工程学与生长行为

自我组织能力是生命系统的显著特征。自我组织系统具有自治能力和自我指认功能。这并不是意味着它们是孤立的、非互动的。自我组织系统与周围环境进行互动，但是仍然保持着自身自治能力。周围环境仅仅引起它们结构上的变化，但前者并不指出或表明后者这种变化。周围环境模式能够引起生命系统自行指出结构上发生的变化。这种自我组织的生命系统能够出入自如以便维持和实现自我更新。

生命系统是十分复杂的。这种结构的复杂性允许自我命令和自我组织。它也允许出现新的财产形式。生命系统最为显著的财产特征即当需要维持组织的形式或模式的时候，它们有能力承受持续性结构变化。

生命系统也是多姿多彩的。这种多样性和唯一性通过自发的自我组织行为得以维持。通过与周围环境进行组织互动，生命系统组成部分得以持续更新和再生。

自我修复和补充是生命系统的另一项特征，而这项特征源自该系统所具有的复杂性和自我组织能力。

物种多样性的自主特性和生态系统所具有的自我组织能力

是生物学的基础。生态持续性来自于物种的能力和生态系统具有适应、更新和反应能力。事实上，某个系统自主程度越高，该系统便能更好地表现其自我组织能力。

外部控制行为减少了系统的自主程度，因此也减少了自我组织和自我更新能力。

生态的脆弱性源自物种和生态系统，但是却被工程学视为工具和控制，从而使得它们失去了适应和更新能力。

智利科学家温贝托 R. 马图拉纳（Humberto R. Maturana）和弗朗西斯科 J. 巴雷拉（Francisco J. Varela）区分了两种生态系统，即自我生成系统和自我创造系统。自我生成系统的功能主要为自我更新提供服务。自我生成系统主要指的是系统自身。相反，自我创造系统，比如说机器，指的是通过外界功能，比如生产特定产量的商品。[1]

自我组织系统在内部成长却在外部塑造成型。外部构造的机械系统并无内部成长过程，它们只是制造和整合外界本来已经存在的物质。

自我组织系统具有多维性和显著性，因此它们能够表现出结构上和功能上的多样性。而机械系统具有非多维性和非显著

[1] Humberto R. Maturana and Francisco J. Varela, *The Tree of Knowledge: The Biological Roots of Human Understanding* (Boston, MA: Shambala Publications, 1992).

性，它们表现出结构上和功能上的唯一性和单一维度。

自我组织系统能够自我修复和适应正在改变的环境条件。机械构造系统不能自我修复和适应环境，它们只会带来破坏。

动态系统越复杂，就越具有内生驱动力。系统改变并不仅限于外部强制力量，也源自于内部条件。从本质上来看，自我组织系统对生命系统而言，就意味着健康和生态稳定。

当某个生物体或系统被机械地用于提升单方面性能的时候，如仅仅提高产量，该生物体的免疫功能就会降低，它就会变得易于生病和遭到其他生物体的攻击，或者该生物体占据生态系统中的主导权并取代其他种群，使后者趋于灭亡。在生命科学领域运用工程学范式产生了大量的生态问题。因基因工程技术勃兴使得这种范式产生的后果更趋严重，这也具有深远的生态和道德意义。

基因工程技术的道德意蕴

当生物体被视为一台机器的时候，它便出现了道德评价偏差——生命形式具有工具意义而不再具有内在价值。以最终工业化为目的的动物利用过程早就彰显其道德、生态和健康方面的意义。简化论者有关动物机械论观点移除了如何实现动物产量最大化的道德障碍。而在牲畜产业化各个组成部门看来，这种僵化看法更占上风。例如，某肉类加工行业经理认为：

> 种猪应被认为或被视为一台宝贵的机器，它的功能在于像香肠机一样‘抽出’仔猪。❶

不过，将猪视为机器的做法会对其行为和健康带来显著影响。在动物加工工厂，因为这些猪之间相互争斗而被业界称为“同类相食”，所以必须将其尾巴、牙齿和睾丸切除。而在工厂化的农场，大约18%的乳猪受到母亲惊吓而死亡；2%~5%的乳猪出生便有先天缺陷，如八字脚、无肛门或倒长乳腺。它们只能迈入死亡，如罹患“香蕉疾病”（如患病的仔猪拱起身躯像香蕉一样死亡）或猪应激反应症候群。

这些动物面临的压力和疾病与基因工程技术使用频率增加有必然关系。其实被注入人类荷尔蒙的猪的身体重量远重于可以挪动的猪大腿重量。

健康和动物福利议题与自我组织和修复能力有关的新技术可能产生的生态影响密切相关。内在价值议题与自我组织紧密相关，最终也与自我修复有关。

在生物体产生过程中，不断增加的细胞似乎听命于各自的

---

❶ L. J. Taylor, quoted in David Coats, *Old McDonald's Factory Farm* (NY: Continuum, 1989), p. 32.

"命数"，它们也因形成生物体而出现永久分化。但是在形成整个结构的过程中，不论模式还是指令仍保留少许潜力。如果某个部分发生损害，某些细胞将会产生分化以形成新的、特别的组织。[1]

因此，这是一种具有自我导向特征的恢复能力。修复能力最终与恢复能力有关。当某些生物体被视为机器，且在运作过程中不能认识到它所具有的自我组织能力、修复和恢复故障能力的时候，这些生物体需要保持控制状态和增加输入。

基因工程技术的生态学和社会经济学意蕴

基因工程技术所具有的认识论和道德层面的意义并不仅仅是指它为我们生活、健康和环境创造了物质条件。基因工程核心技术对人类健康也具有意义。

基因工程通过使用载体（vectors）在物种之间转移基因，它是不同来源的天然遗传基因"寄主"的镶嵌和重组，包括致癌病毒和某些动物、植物疾病中一个或多个带有耐抗生素标

[1] *Beyond Natural Selection.*

记的基因。过去五年逐步累加的证据证实前述载体是构成巨大生态和公共健康不良后果的基因污染的主要原因。媒体报导基因水平转移和重组也被用于生产大流行性细胞病原体毒株。[1]

即使生物技术行业和管理机构声称目前尚未在全美近500个领域中发现不良影响，基因工程技术具有的生态效应也日趋明显。[2]现有实地试验设计并不能收集环境数据，试验条件也无法预计生产条件如工业规模、变化环境和时间等。不过，正如菲尔J. 雷加尔（Phil J. Regal）所示："前述近500个政策领域引用的此类释放数据真切表明科学家并未对此适当关注。"[3]

两项详细的环境影响评价报告也证实大规模引入基因工程有机物将会带来农业风险。

1994年美国生物学会年会召开之际，俄勒冈州立大学研究人员指出已就基因工程细菌将多余作物转化为乙醇的可行性开展评估。

植生克雷伯菌（Klebsiella planticola）就是一种通过基因工程技术产生的主要在植物根系聚集的、具有生产乙醇等新奇

---

❶ Mae Wan Ho, "Food, Facts, Fallacies and Fears" (Paper presented at National Council of Women Symposium, United Kingdom, March 22, 1996).

❷ Vandana Shiva, *et al.*, *Biosafety* (Penang: Third World Network, 1996).

❸ Phil. J. Regal, "Scientific Principle for Ecologically Based Risk Assessment of Transgene Organisms," *Molecular Biology*, Vol. 3 (1994): 5-13.

能力的细菌。这种细菌可放入装满泥土的小麦生长的器皿里面。如果土壤类型较单一化，那么植物所富含的前述菌种将会濒于死亡，然而那些未加入菌种的土壤则仍然健康。

在上述案例中，（根系）菌根真菌已遭不同程度破坏，这也导致营养吸收和植物生长受到限制。这种结果是无法预期的。主要真菌种类的减少也被认为是植物与野草缺乏竞争力以及易于生病的重要原因。在有机物含量较低的沙质土壤中，根系基因工程细菌产生的乙醇将导致植物死亡；而在有机物含量较高的沙质或灰质土壤中，改变线虫密度和物种构成将会显著减缓植物生长。首席研究员伊莱恩·英厄姆（Elaine Ingham）认为这些结果也表明在土壤中加入基因工程技术微生物将产生显著和严重后果。上述试验使用的是全新的和综合性的测试系统，得出的结论也与前期提出的无任何生态效应的意见完全相反。[1]

1994 年，丹麦研究人员声称有强有力的证据证明经过基因工程技术改良的油菜对除草剂产生抵抗力且可将该转基因转移至野生近缘种——野生不结球白菜之中。这种基因转移可发生于前后两代种质资源之间。

在丹麦，在已经繁育的油菜田地里随处可见被视为野草的

---

[1] Elaine Ingham and Michael Holmes, “A note on recent findings on genetic engineering and soil organism”, 1995.

不结球白菜。然而通过除草剂对其进行选择性清除已不太现实。这种野草的野生近缘种现已遍布全球绝大多数地区。其中一种评价释放转基因油菜风险的方式为掌握不结球白菜的天然杂交速率，因为特定转基因可使得这些野生近缘种更具有“侵略性”，甚至更难控制。

虽然与不结球白菜杂交已成为该国油菜育种的重要方式，与油菜进行天然的种间杂交却不多见。在英国，一项人为授粉产生的人工杂交风险评估宣告失败。不过有些研究成果也表明可在油菜和其父系种群——不结球白菜之间进行自然授粉的田间试验。在1962年早期，油菜与野生不结球白菜杂交率为0.3%~88%不等。丹麦研究小组的结论也表明在实际生产中更高的杂交比率也是有可能的。它们的田野试验结果显示不同条件下杂交种子成活率约为9%~93%。❶

将具有抵抗杀虫剂功能的基因转移给作物的野生、野草近缘种预示着具有抵抗杀虫剂功能的“超级野草”的诞生，这也可能导致无法控制的局面。作为一项策略，这从孟山都公司售卖更多的“抗农达”❷、诺华公司售卖更多的“巴斯达”，即

---

❶ R. Jorgensen and B. Anderson, “Spontaneous Hybridization Between Oilseed Rape (Brassica Napas) and Weedy B. campestris (Brassicaceae): A Risk of Growing Genetically Modified Oilseed Rape”, *American Journal of Botany* (1994).

❷ 孟山都使用的一个商标，其商品主要为除草剂。——译者注

那些运用基因工程技术生产的抗杀虫剂作物行为中可窥知一二。不过前述策略与可持续农业政策恰恰相反，因为它们忽略了控制野草的可能性。

正如前面所述，使用基因工程技术制造抗杀虫剂作物的策略不能控制野草，且相反会诱发“超级野草”风险，基因工程技术制造抗昆虫作物策略同样不能抑制昆虫，相反诱发“超级昆虫”风险。

1996年，美国全境近200万亩的土地被来自孟山都公司、源自基因工程技术的棉花品种——Bollgard全面占领。孟山都公司该类品种是通过基因工程技术植入苏云金芽孢杆菌（一种土壤微生物）的DNA使之产生有毒蛋白质以杀死棉花虫害幼虫。孟山都公司向每位农民收取79美元/亩使用费，这是为实现安全状态而通过“全期植物控制……以便在一开始就遏制虫害问题”方式支出的额外种子费用。因此，孟山都公司一年时间内单就“技术使用费”一项就攫取了5 100万美元。[1]

不过前述技术早已使农民面向溃败。基因工程技术作物感染棉铃虫的可能性比即将触发“井喷”的水平还要高出20~50倍。而且，自从有机耕种农民使用了苏云金芽孢杆菌所具有来自天然的、十分重要的生物酶之后，基因工程技术便不再

---

[1] Rural Development Foundation International Communique, United States, July/August 1996, pp. 7-8.

关注有机耕种政策。[1]

除了“技术使用费”以外，孟山都公司也对农民施加了极为严格的限制，正如该公司所言：

> 孟山都公司是有权许可农民使用包括Bollgard专利基因在内的种子唯一主体。为重复种植而保留或售卖种子将违反有限许可规定并侵犯孟山都公司专利权。依据联邦法令规定上述行为将可能会被检举。[2]

当孟山都公司从农民使用费中攫取数以百万的金钱时，它当之无愧地拥有作物所有权。但是它丝毫不为转基因作物带来的风险支付成本和承担责任。

知识产权制度具有垄断特征的合法性源于社会授予知识产权以及社会应从其贡献中获得收益。转基因棉花种植失败的事实提供了某种假设，即知识产权制度可能会“改变”以前并不涉及的农业领域。相反，过去我们身边发生的实例往往是常规情况下普通民众以及特定情形下农民支付相关社会和生态成本。有关作物品种知识产权保护将会带来一场生态浩劫，这完全是一项将利润“私有化”和整个成本“社会化”不公平的

---

[1] “Pest Overwhelm Bt. Corron Crop”, *Science* 273：423.

[2] Rural Development Foundation International Communique, United States, July/August 1996, pp. 7-8.

制度。

垄断与前述不公平的、难以说明的制度联系在一起可阻止实现生态友好和促进社会正义。进一步来说，它们将农业制度规定强加于普通民众并威胁环境保护和人类健康。

施加垄断行为以及使用基因工程技术产品属于“自由贸易体系”的核心内容，这是颇具讽刺意味的事情。从合法性上而言，乌拉圭回合签署的《关税和贸易总协定》是自由贸易条约，它强制要求所有国家都创设农业知识产权制度。从经济上而言，引入基因工程技术产品是由主观不情愿的公民和国家基于“自由贸易”而推动的，正如孟山都公司大豆一案所示，这种行为变为跨国公司完全自由行为而强制其他国家人民使用有毒产品。

1996 年 10 月 16 日“世界粮食日”当天，来自 75 个国家的近 500 家组织呼吁全球共同抵制孟山都公司以“抗农达”商标冠名的、通过基因工程制造、具有抵抗化学除草剂草甘膦的大豆。孟山都公司对大豆进行基因工程技术改造以试图提高其除草剂销量。[1]

上述事件也在 1996 年 11 月在罗马举办的全球粮食峰会上遭到质疑。孟山都公司曾经声称其大豆具有新颖性和创新性，

---

[1] The Battle of the Bean, “Spite of Life” (October 1966).

但现今却称与传统的大豆品种相比，新的品种已不具备新颖性，以便在近海岸混淆上述两种类型大豆品种以使其能够顺利进入欧洲市场。各国公民也要求对基因工程大豆品种进行标记以满足民众的知情权和选择权。

自收购 Agracetus 公司❶后，孟山都公司因拥有所有转基因棉花和大豆专利而在全球实现了大豆和棉花品种垄断，1996年5月，其公司市值高达1.5亿美元。前述专利授予的基础是创新性，不过这些创新性却因消费者抵抗和基因工程产品安全问题的关注而被予以否认。

作为一项技术本身，基因工程技术是非常复杂的。但将该项技术用于生物多样性维护以满足人类需要则显得不太恰当。转基因作物通过取代作物多样性而降低生物多样性，然而作物多样性却是多种营养来源的基础。

此外，新的健康风险也通过转基因作物引入得以凸显。基因工程技术产生的食物可能带来新型过敏症状。它们也会带来“生物污染”风险，这种风险使人类罹患疾病、某物种在生物系统中独占鳌头，或将某种基因从某物种转移至其他物种的可能性大为提高。

詹姆斯·毕绍（James Bishop）博士在英国进行了一项实

❶ 孟山都公司最大的大豆转化实验室。——译者注

验，在蝎子基因中引入一种病毒以制作杀死毛毛虫的喷雾剂。即使有大量实例表明在某些病毒和疾病生物体中发现新的生物体，这种转基因的病毒也被认为仍然安全，这是因为它并没有为了达到效果而跨越种群边界。较为充分的科学证据也显示基因工程技术确能制造“超级病毒”以对抗杀虫剂。从可获得的科学证据基础来看，对生物安全议题表示自我满意的理由并不充分。

印度最近刚刚取消首例基因工程作物试验。其中就包括一种含有苏云金芽孢杆菌的土豆和杂交芸台属植物。目前已有足够科学证据证明含苏云芽孢杆菌的基因工程作物具有抵抗力，目前并没有可持续性的方式控制植物虫害和疾病。

基因工程技术产生的作物和食物许诺的收益可能是幻觉，不过它的可能风险却真实存在。这种幻觉不仅体现在食物生产和消费系统水平，还体现在科学水平。基因工程技术提供的许诺是以基因简化论和决定论为基础的。不过，通过分子生物学研究可看出上述假设仍呈现谬误。

庆贺和保护生命

在基因工程和专利时代，生命形式就是被殖民化的对象。生物技术时代生物学的使命包括维持生命系统自我组织能力的自由——这种技术操作的自由足以毁灭生物体的自我修复和自我组织能力，这种合法操作的自由足以破坏从我们拥有的富裕的生物多样性角度出发为人类出现的问题集体寻找解决方式的能力。

我从已有研究素材中发现，对于生命形式的操作和垄断有正反两种不同观点。从 Navdanya 来看，一个主要为保护原生种子多样性而创设的国家层面的社区种子银行网络正在进行中，该网络正试图产生一种针对生命形式基因工程技术化的替代方案。通过采取行动保护公共领域知识表现形式——或者通过农民发起的种子领域非暴力消极抵抗和不合作运动，或者通过与第三世界网络共同发起的公共知识产权运动，我们试图构建一种替代知识和生命形式作为私人财产的替代方案。

我逐渐发现在 2000 年年末，生命和生活自由应作为生态运动核心要素，而在不断的斗争中，我也经常从一首名为《种子守护者》的巴勒斯坦诗歌中受到鼓舞。

> 燃烧我们的土地，
> 燃烧我们的梦想，
> 将酸楚融入我们的歌唱中，
> 已遭残杀人们的血液，
> 包裹着各种技术。
> 所有人的尖叫都是自由的、野性的和原生的。

破坏吧！

破坏吧！

我们的草场和土地，

被夷为平地。

每个农场和村庄，

我们祖先曾经建立的：

每棵树，每个家

每本书，每部法

以及所有的公平和和谐。

在每个河谷销毁你的武器，

在我们的过去、文字和隐喻中，

抹去你的每个印迹。

砍伐植被和地球行为，

直到昆虫、鸟类和人类语言，

无任何藏身之所。

变本加厉地做吧，

我不会畏惧你的残暴，

即使我守护了一颗种子，

一颗小小的存活的种子，

直到我必须再次守护和种植它，

我也不会绝望依然。

第三章

种子和土地

本章导读

千百年来，种子、植物、土地和妇女共同构成了传统社会存在、进步和发展的实然图景，妇女辛勤劳作、保育种子、保持土壤肥力并善待植物，促使人类种群持续繁衍、生生不息，这是一种人与自然和谐共生的应有状态。但父权主义的蔓延及俨然对这幅图景带来显著冲击，这不仅体现在思想上，即认为男性对女性天生享有控制权，女人只有成为生产、生活和生育的“工具”“容器”才具有存在的意义；同时还体现在生物技术行为的出现和发展过程中，即通过生物技术强行操控、改变种子、植物以及土地的内部构造、本质属性以及核心功能，并为此设计了一套取悦和维护自己利益、掠夺他人权利的游戏规则——知识产权制度。父权主义也仿佛创设了一道“隔离墙”，颇为牢固地建构着自己的理论、观点及立场，将一切与该主义相违抗、相对立、有冲突的主体排除在外。

“重生”是生命形式的核心，也一直是引导可持续社会形态的核心内容。如果没有“重生”概念，或许也没有可持续的状态存在。不过，现代工业社会并没有时间思考“重生”议题，因此也没有鲜活实例。而贬低重生过程恰是生态和可持续性危机产生的重要根源。

药用植物由于维持人类生存而被视为母亲，在吠陀❶经典论著中赞美治疗作用植物的诗歌并不少见。

> 母亲，你有一百多种表现形式，
> 和一千多种生长方式。
> 你也有一百多种活动方式，
> 给了我完整的身体。
> 应该高兴吧，你正在培育
> 花朵和果实。

❶ 是婆罗门教印度教最根本和重要的经典著作之一。——译者注

作为所有古代世界观的形成基础，人类和非人类自然之间的连续“重生”过程被父权主义打破。人们开始脱离自然界，重生过程中的创造力也不被承认。创造力开始被男士垄断，男人们也被视为主要生产力；女人们被认为仅具繁殖或娱乐功能，她们并不能进行持续生产，且经常被认为不能生产。

从种子角度来看，作为一个纯粹的男人，他的活动对象一直脱离于土地，而且该对象与充满惰性的、空无一物的土地相结合并富有女性被动主义色彩。因此当开启父权主义模式的时候，种子和土地的象征正在经历变化；性别关系以及我们对自然的认识以及重生过程也将进行调整。这种对自然和文化的非生态学观点也形成了父权主义模式有关性别在宗教和年龄再现过程中所处角色的看法。

这种对种子/土地进行不同性别的隐喻主要适用于人类生产、繁殖并使得男人对女人所处的优势地位看上去更自然。不过自然的等级制度构建基础为物质/精神的双重性，它是指男性具有纯粹精神状态特征和女性丧失精神状态而具有的物质属性。正如约翰·雅各布·巴霍芬（Johann Jacob Bachofen）所述：

父权主义的胜利使得表现自然的精神得以解放，这是一种人类存在超越物质生活准则的精神升华。母性是人类物理方面的特征，且是唯一可与动物相提并

> 论的特征；而父权相关的精神原则则由人类独享。父权主义的胜利更像是天堂之光，养育幼儿的母性与土地关系密切且承受所有一切。❶

父权主义有关男人对女人占据优势的中心思想是将女人/动物视为被动/物质社会建构因素，男人和杰出的人类视为主动/精神的社会建构因素。这反映出思维/身体呈现的二元论现象，即思维可能不物质、男性化和较主动，然而身体却很物质、女性化和很被动。这也反映出文化/自然领域出现二元论现象，这是由于男人独自接触文化，而女人却与土地存在关系且承受着所有一切。❷这种人为二分法产生的模糊不清恰是自然的优势，它是主动而非被动的。

新的生物技术照搬了父权主义区分主动/被动、文化/天然的古老方式。这种二分法也被资本主义国家用作控制植物和人类重生的工具。只有去除殖民化才能让女人和自然的活力、创造力在非父权主义模式下得以恢复。

---

❶ Johann Jacob Bachofen, quoted in Marta Weigle, *Creation and Procreation* (Philadephia: University of Pennsylvania Press, 1989).

❷ *Ibid.*

生物体和新的殖民对象

土地、森林、河流、海洋以及大气层均被殖民化、被侵蚀和被污染。现如今经济资本正在寻找新的殖民对象进行侵占和掠夺以进行未来积累，包括妇女、植物和动物身体内部构造。

通过炮艇可接管和侵占土地而将其作为殖民对象；基因工程技术的出现可侵占和接管生物体的生命并将其作为殖民对象。

生物技术，作为后工业时代资本的辅助手段，使得把握和控制那些自治、自由和自我重生行为变得可能。通过引入简化论等科学理论，经济资本进入到之前尚未涉及的领域。简化论主义出现的碎片化现象也开启了加速侵占和掠夺的空间。资本父权主义背景下技术发展受到掠夺性嗜好的驱动，从之前的技术转型和耗尽到现在实现稳步发展，而面临不再过度消费的境地。从资本主义父权主义角度来看，在这些最后的殖民地中，种子和妇女身体是进行重生的必然对象。

过去，资本父权主义分别将种子和土地标记为“主动的”和“被动的”，而借由新的生物技术，将种子重新定位为“被动的”，并认为其在工程技术思维中是主动的和富有创造力的。五百年前，当土地开始被殖民化的时候，生命系统（理论）将土地仅重构为某种物质，这似乎与贬低非欧洲文化和自然所作出的贡献有紧密联系。然而，从重构生命来源角度将种子视为无价值的原材料似乎与那些贬低通过种子重新获得生命的人有关，而后者主要是指第三世界的农民。

从地球母亲到无主物

从不同的角度看，所有可持续的文化均将地球视为母亲。父权主义对土地被动的角色建构以及后续创设土地即为无主物的殖民地理念无非希望满足两个目的：否认原住民族的存在及其在先权利，否定土地再生能力和生命过程。[1]各地杀害大批土著居民的行为在道德上被认为是合法的理由是它们并非真正人类；它们仅是动物组成部分。正如约翰·皮尔格（John Pilger）认为《大英百科全书》有关澳大利亚的描述似乎无可争辩，即“澳大利亚人就是野兽。它们比猞猁、美洲豹和鬣狗更残暴，它们毁灭了自己的同胞”。[2]而在澳大利亚本国著作——《热带地区的胜利》一书中，澳大利亚土著居民与半

[1] John Pilger，*A Secret Country*（London：Vintage，1989）.

[2] *Ibid*.

野生犬类被同等对待。[1]澳大利亚、美洲、非洲和亚洲先民被视为动物的时候，它们不享有人类任何权利。它们的土地被篡夺而成为无主物——该片土地上无人类踪迹、空空如也、未被使用以及遭到浪费。所以各国军队强占世界各地资源以为帝国市场提供服务从道德层面来说也颇具正当性。正是如此，欧洲人就会将其侵略行为描述为“发现”，剽窃和偷盗描述为“贸易”，以及毁灭和奴役视为“文明教化”。

科学使命与宗教任务串通后便否认自然拥有的权利。伴随科技革命而产生的机械哲学理论前提便是摧毁自我重生、自我组织的自然，因为它能够维持所有生命存在。富兰克林·培根（Francis Bacon），这位现代科学之父，认为自然不再是母亲，而宁可将其称为被一种男性思维控制的、具有侵略性的“妇女”。正如卡洛琳·麦钱特（Carolyn Merchant）所指出，自然从一个有活力的、哺养万物的母亲变为一个懒惰、死气沉沉的、可被操控的物质的过程明显满足了资本主义掠夺需求。“哺养万物的土地”这种描述对掠夺自然行为是一种限制。麦钱特写道，“某人不至于那么轻易杀害母亲，刺破她的内脏，以及肢解她的尸体”。但是依培根观点形成的一种征服和支配的景象、科技革命将所有限制条件进行移除，以及所展现的文

[1] *Ibid.*

化制裁功能都导致了掠夺自然后果。

否认万物有灵论[1]，假设宇宙空间具有有机特征共同导致“自然”的死亡——这是科技革命最为深远的影响。因为现在“自然”被认为是由外部而非内在力量推动的一个呆板的、具有惰性的颗粒系统，这种机械框架本身能够使控制自然的行为合法化。作为一个概念框架，机械指令与以能量为基础的价值体系紧密相关，它也完全符合商业资本主义的方向。[2]

当开发行为否认土地的生产能力和创设一个不能重生或维持自身的农业系统之时，对土地具有惰性特征的认定也具有全新负面的意义。

可持续农业的基础是回收土壤营养物。它包括部分恢复土壤原有的营养价值并保证植物生长。维持营养周期、提升土壤肥力的前提均是不能违反的土壤恢复规则，该规则认为泥土是生产力的重要来源。通过观察从工厂购进并投产的化学肥料和市场推广农业商品的线性流量后发现，农业绿色革命已替代了可重生的营养循环。土壤的经济价值不再是肥力而是化学物质。绿色革命本质上以“奇迹种子”的出现为基础，通过投

---

[1] 一种哲学思想，认为天下万物皆有灵魂或自然精神，并在控制间影响其他自然现象。——译者注

[2] Carolyn Merchant, *The Death of Nature: Women, Ecology and the Scientific Revolution* (New York: Harper & Row, 1980).

放化学肥料而不是促进植物生长以恢复土壤肥力。[1]泥土再次被认为是一只“空瓶”，且是时候密集注入灌溉用水和化肥了。该项行为在“奇迹种子”中不断累积，它已超出天然营养循环。

但是从生态学意义上说，土地并非空无一物，绿色革命并不会因种子肥料包而增加。土壤疾病和微量营养素缺乏等现象的出现表明植物新品种对提高土壤肥力具有无形需求；沙漠化现象的出现表明仅满足市场需要的农业生产导致了土壤肥力循环的降低。为了满足市场需要，绿色革命意图通过减少农场内部生态量[2]实现增产政策。因为化肥完全可以被有机肥料替代，所以秸秆输出量的减少或许并不会被认为是一项重大损失。不过正如试验结果所示，有关氮磷钾的含量在试验土壤中并未减少，农业生产必须将产出的部分生物产品恢复给土壤。种子和泥土相互创造条件以便再生和恢复肥力。科学技术无法取代自然，前者也必须在生产基础被破坏前提下在自然生态过程外开展工作，市场也不能仅仅提供输出和产量的措施。

生物产品，主要是指那些不在市面销售的产品，作为保持土壤肥力的输入方式，将会被绿色革命的成本效益完全忽视。

---

❶ Vandana Shiva, *The Violence of the Green Revolution* (Penang: Third World Network, 1991).

❷ 生态学术语，某时刻单位面积内实际生存的有机物质总量。——译者注

它们并不会出现在清单上，因为它们无法购买；它们也不会出现在产量清单上，因为它们无法售卖。但是被认为无法生产或从绿色革命功利观点来看纯属浪费的生物产品却逐渐被生态学观点所认可而具有可生产性，而这一路径即是发展可持续农业。通过将必要的有机输入方式视为废弃物，绿色革命策略不知不觉地认为拥有肥力的、具有可生产价值的泥土事实上正被荒芜；“土地增值技术”被证明加速土地退化和造成土地破坏。伴随全球变暖和温室效应，化肥所导致的生态破坏效应将会出现新的维度；氮含量较高的化肥增加了一氧化二氮排放，而后者是大气层中导致全球变暖重要温室气体；通过污染土地、水源和大气层，使用化肥也对食物造成了侵蚀。

实验室的种子

开展绿色革命运动的前提是土地已失去活力，生物技术革命剥夺了种子的生育力以及自我再生能力，二者主要通过两种方式得以实现：技术手段和知识产权制度。

类似杂交等技术手段会抑制种子的自我复制能力。它们赋予种子一种明显有效的回避自然规律的功能并使其商业化。杂交种子不能同型复制，农民必须每年将其返回给育种者以便后者再次储存种子。

如果用杰克·克洛彭伯格（Jack Kloppenburg）对种子的描述来说，这既是生产的方式，本身又是产品。[1]如果他们是参与苗带轮作[2]的部落成员或开展定居农业实践的农民，在每个作物种植年份都会重复生产方式的核心要素。因而这些代表着资本的种子也带来一个简单的生态学困境：在给定客观条件下，它能够自我复制和不断增加。现代育种技术曾经试图消除上述生态学困境，新的生物技术也成为目前种子转化的主要工具。

对种子施予杂交技术是一种侵入。正如杰克·克洛彭伯格所言，它破坏了种子作为食物链和生产手段的整体性。一旦如此，杂交技术便为资本累积提供机会，这种积累主要是为满足控制育种和商业种质资源生产的民营企业需要。它也成为生态破坏的主要诱因，具体来说是将种子的自我再生转变为一种非连续的提供活体种子原材料的线性过程和种子商品作为产品的逆向流动过程。种子从作物中脱离的过程也改变了种子状态。

从生态学来看，充满商业价值的种子是不完整的、而且可被拆分为两个层次：首先，它不能自我复制。由定义可知，种

---

[1] Jack Kloppenburg, *First the Seed* (Cambridge, England: Cambridge University Press, 1988).

[2] 一种水稻种植方式。——译者注

子是一种能够自我再生的资源。而充满商业价格的种子是通过技术将遗传资源从可再生资源转入不可再生资源。其次，它也不能自我生产，它需要其他技术资源予以协助。当种子和化学公司发生融合的时候，对于技术资源的依赖更趋明显。不论是从内部，还是从外部添加化学物质，在种子复制生态循环过程中仍保留着技术资源涌入。通过再生过程向非再生技术生产转化，生态化生产过程发生转变，且这种转变尤其剥夺农民权益并急速减少农业生物多样性。这也是农业领域贫穷和不可持续性的根源所在。

当技术不能阻止农民减少种子保有量的时候，知识产权相关的法律规定和专利正逐渐增加。专利是对植物可再生进行"殖民化"的核心制度，它像地契一样，都是以所有权和财产假设为基础。正如基因泰克公司（Genentech）副总裁所指出的那样："当你有机会书写历史的时候，你便能缔造某些基本观点，因为你相比较的标准是在先技术，而这在生物技术领域并不是很多。"[1]对生物资源施予所有权和财产权，但是作为先前守护者和使用者的农民却并不能对抗这些专利。而且，技术手段的介入决定公司有权对它们进行专属使用。对技术的占有也成为公司主张所有权，以及同时占有和剥夺农民权益的原因

[1] Quoted in Jack Doyle, *Altered Harvest* (New York: Viking, 1985), p. 310.

之一。

随着对地球从“母亲”到“无主物”称谓的改变，新技术剥夺农民持有的种子的生命和价值的非常态过程使这些种子被称为财富创造源泉。被称为本地品种的土著种质资源是最原始的栽培品种，经由自然和人工选择而进化并由第三世界农民使用和种植。由国际研究中心或跨国种子公司现代育种专家培育的品种被称为改良或精英品种。植物遗传资源国际委员会前执行秘书特雷弗·威廉姆斯（Trevor Williams）指出，原始材料其实不会产生现金回报。在1983年植物育种论坛上，他也指出只有在投入可观的时间和金钱之后，原生种质资源才能产生价值。❶依据计算结果，农民所花的时间被认为无任何价值且可以免费获得。此外，他们所有先前创造活动过程都不予以承认抑或被贬低成纯属天然。因此，农民育种行为不被视为育种行为；真正的育种行为应始于国际实验室科学家对“原生种质资源”进行混合或掺杂自交系品种行为。这即是说，创新仅发生于长期的、艰苦的、成本高昂的过程之中，且该过程通常是充满风险的回交行为❷和其他事先要求从混合的外来种质资源中确定遗传价值的手段，这些过程最终将从可销售产品

❶ *First the Seed*, p. 185.

❷ 一种遗传育种方法。——译者注

中获得收益。[1]

但是从遗传学角度来说，对农民拥有本地品种进行开发活动仍呈无序状态和缺乏创新性。这些活动的材料是由经过提升和筛选的材料组成，包含农民过去和现今的经验、艰苦劳作和创造力；这种处于发展状态的材料处理过程也符合生态和社会的需求。现在这些需求也正在因为公司的垄断行为而不断强化。社会各界对全体科学家所做贡献的评价高于或优于近万年以来第三世界农民所作出的保护、育种、驯养、开发植物和动物遗传资源相关智力贡献观点，这全然是一种社会歧视。

知识产权制度、农民和植物育种者权

帕特·穆尼（Pat Mooney）曾认为："知识产权制度仅能被理解为当实验人员得出实验结果时，为种族主义者有关科学发展观点披上的一层完整外衣。"[2]实际上，千百年来农民促成

---

[1] Stephen Witt, "*Biotechnology and Genetic Diversity*," California Agricultural Lands Projects, San Francisco, CA, 1985.

[2] Pat Mooney, "From Cabbages to Kings", in Development Dialogue (1988): 1-2 and " Proceeding of the Conference on Patenting of Life Froms" (Brussels: ICDA, 1989).

的整个遗传资源变化远多于200~300年以来系统科学研究所付出的努力。然而确定价值的市场制度所具有的局限性无法成为否认农民拥有和天然存在种子价值的理由。这也表明市场构造逻辑存在缺陷，因为它并没有考虑种子的状态或农民的智慧。

对生命形式主张所有权必然要否认在先权利和创造力。在有关生物技术产业简介的小册子中提到了以下内容：

> 专利法的有效实施将为生产过程和产品提供构思想象。如果这些构思想象与使用、生产或出售专利发明有关，甚至某些步骤使用、生产或出售专利发明相关产品，可以诉诸专利保护。”[1]

杰克·道尔（Jack Doyle）恰如其分地指出对专利创新性的关注远不如其所具有的“领域”特性，通过对创造力和创新性主张独占权利而作为控制上述“领域”的工具，因而主张所有权的垄断。[2]农民作为种质资源的守护者，也因而被剥夺相应权利，以允许发生新的殖民化进程。

随着土地殖民化现象的出现，生命形式的殖民化也对第三世界农业生产带来严重影响。首先，它认为以农业为基础的社

[1] “Biotechnology and Genetic Diversity”.

[2] *Altered Harvest.*

会具有文化与道德的脆弱性。例如，伴随专利制度引入，种子——迄今仍被视为礼物且能在农民之间自由交换的对象——将会变为可专利的商品。植物新品种保护国际联盟前主席汉斯·利恩德（Hans Leenders）便提出，应废除农民特权以对种子进行保护。他说：

> 即使很多国家农民仍保有从其作物中留存种子的传统，而在现代变革环境中，农民使用种子并种植经济作物而不支付任何费用的现象是不太公平的。种子企业将会作出激烈抗争以求得更好的保护方式。[1]

尽管基因工程技术和生物技术仅是重置现存基因而不是创设新的基因，重置和分离能力也可以被转换成拥有的权利内容。这种所有权一部分也可以转换为控制整个生物体的权利。

此外，这种将共同遗产转变为商品的共同需求，以及将这种转变产生的利润视为财产权利的想法对第三世界农民而言也具有明显的政治和经济意义。后者将被迫与那些需要通过专利实现生命形式和生产过程垄断的跨国公司形成三个层次的关系。首先，农民作为跨国公司种质资源的提供者；其次，他们在遗传资源权利和创新领域成为跨国公司的竞争者；第三，他

[1] Hans Leedners, "Reflection on 25 Years of Service to the International Seed Trade Federation", *Seedsmen's Digest* 37: 5, p. 89.

们成为这些跨国公司工业产品和技术的消费者。换言之，专利保护将农民变为免费原材料的提供者，变为竞争者以及使他们对某些至关重要的投入品如种子产生完全工业依赖。农业领域专利保护的疯狂呐喊确是一种控制农业生物资源的策略。有人认为专利保护本质上是为了创新，但是这种创新仅仅是为了公司运营及获得利润。最终，农民们花了几个世纪进行的创新，就相当于公共机构花了数十年所做的工作，而且还不受财产权或专利制度保护。

进一步，与植物育种者权利不同的是，新的外观设计专利所涉范围十分广泛，单个基因甚至其特性都能够因外观享受垄断性权利。植物育种者权利并不能被授予种质资源所有权，它仅能对特定品种的售卖或营销授予垄断性权利。换言之，专利权允许进行多项权利主张，不仅包括整个植物，还包括植物组成部分及其产生过程。所以，安东尼·迪彭布罗克（Anthony Diepenbrock）说道：

> 你可以就多种作物品种、宏观组成部分（如花朵、果实、种子及其他），以及微观组成部分（细胞、基因、质粒和类似部分），以及任何与前述内容相关的创新工艺申请保护，对前者所有使用行为都可

进行多项权利主张。[1]

专利制度保护的隐含意思即排除农民对基因及其特征享有的权利，破坏了农业生产最基础的条件。以美国生物技术公司——太阳基因公司所获专利为例，该公司拥有一种极高油酸含量的太阳花品种专利。该项专利主张即与该品种具有的特征有关（如含有较高的油酸），且这不只是一种能够通过基因产生的特征。太阳基因公司告知其他太阳花育种者开发种植其他任何含有较高油酸的太阳花品种均是侵犯其专利的行为。

1985年，美国法院的一项判决被认为是植物专利里程碑、且仍在某些领域持续著名的希伯特案件，该案件中分子遗传学家肯尼斯·希伯特（Kenneth Hibberd）和共同发明人被授予一项组织培养、种子和选自组织培养的自交系专利。[2]希伯特专利申请包括近260项权利要求，这些权利要求赋予分子遗传学家使用所有260项专利专门权利。希伯特很明显为公司竞争提供了新的合法语境，不过此举也为农民和种子行业之间的竞争带来了深远影响。

如迪彭布罗克所示，希伯特一案提供了一个已在实施的全

---

[1] Quoted in *First the Seed*, p. 266.

[2] *First the Seed*, p. 266.

新的司法观点即种子行业可以实现其长期拥有并珍视的目标：强迫所有农民每年购买种子进而代替自身复制行为。专利制度允许其他人使用该项产品，但是却否认他们拥有制造该项产品的权利。由于种子可以实现自我复制，一项强大的有关种子的实用新型专利意味着已购买受专利保护种子的农民有权利使用（如种植）而不能制作（如保存和移植）。一旦丹凯尔（Dunkel）有关GATT文本实施，农民保存和移植受专利保护种子或植物新品种的行为将被认为违法。

通过知识产权制度，某些取代自然、农民、妇女等主体的、类似改良式侵占行为及进程已然完成。通过新技术，运用暴力和掠夺创造财富是对我们的身体和自然进行“殖民化”的本质。北方国家必须从南方国家获得保护以便其能够继续就第三世界遗传多样性进行持续偷窃。种子之战、贸易之战、专利保护以及《关税和贸易总协定》知识产权制度规定均可通过分离行为和碎片化趋势而主张所有权。如果美国所需要的权利机制已然实现，从穷国向富国的转移资金速度加剧，第三世界出现灾难的几率将达十倍甚至以上。[1]

美国对第三世界国家施加的剽窃行为正备受指责。前者在农业化学领域每年利润损失预计为20.2亿美元，制药领域损

---

[1] Rural Advancement Foundation International, *Biodiversity*, *UNICED* and *GATT*, Ottawa, Canada, 1991.

失预计为25亿美元。❶1986年美国商务部一项调查显示，美国公司认为由于不恰当或不切实效的知识产权保护，它们每年损失约为238亿美元。但是，加拿大国际农村发展基金会某研究小组指出，如果考虑第三世界国家农民和土著居民所做贡献，角色应该出现互换：美国农业领域利润近30.2亿美元，制药领域近51亿美元应归功于第三世界国家。换句话说，仅就上述两个生物产业部门而言，美国应向第三国家支付27亿美元。❷不对上述债务多加考虑对创设知识产权制度效力边界是非常必要的，如果不这么做的话，有关生命恢复再生活动的"殖民化"将不可能发生。不过如果以专利保护、创新和改进等名义来看，生命形式的"殖民化"现象也有可能会发生。

目前，如何看待本地品种、土著知识以及农民权利的问题已显现出两种不同观点。一方面，它们是全球范围内认识种子内在价值和生物多样性、承认农民对农业创新和种子保护以及将专利制度视为遗传多样性和农民威胁的各种观点来源；从全球层面来说，落实农民权益最重要的平台是粮食和农业组织植

---

❶ *Ibid*.

❷ *Ibid*.

物遗传资源委员会❶及主旨对话。❷从地方层面来说，包括亚洲、非洲和拉丁美洲在内的各国社区正在采取措施对本地品种进行保留和再造。比如说，我们将在印度创设一家本地种子保存机构，即前文提到的 Navdanya。

虽然已有前述进展，但是主流趋势仍是取代本地植物多样性并通过专利手段具体实施。同时，国际种子公司下属机构迫于压力也正在推动知识产权制度以否认农民智慧及其权利。

1991 年 3 月颁布的《植物新品种保护国际公约》，允许各缔约国基于本国国情删除农民行为豁免规定，即保护和移植种子的权利。❸

另一项活动也将导致遗传资源私有化，国际农业研究中心咨询小组于 1992 年 5 月 22 日发布一项政策声明，允许对国际基因银行的遗传资源申请专利和私有化。❹专利制度最强力的压力来自于《关税和贸易总协定》，尤其是有关 TRIPs 协议和

---

❶ Food and Agriculture Organization (FAO), International Undertaking on Plant Genetic Resource, DOC C 83/II REP/4 and 5, Rome, Italy, 1983.

❷ Keystone International Dialogue on Plant Genetic Resources, Final Consensus Report of Third Plenary Session, Keystone Center, Rome, Italy, 1983.

❸ Genetic Resources Action International (GRAIN), "Disclosures: UPOV sells out", Barcelona, Spain, December 2, 1990.

❹ Vandana Shiva, "Biodiversity, Biotechnology and Bush" *Third World Network Earth Summit Briefings* (Penang: Third World Network, 1992).

农业方面的规定。[1]

人类基因工程技术

正如技术将种子从具有生命力的、可再生状态变为仅作为原材料，它以这种方式贬低了妇女们的存在价值。例如，繁殖过程与妇女身体被“机械化”具有一定联系，一部分片段化的、被迷恋的、身体构造由专业医疗专家进行管理。美国拥有这种最发达的技术，但这项技术已在全世界铺开。

婴儿出生的机械化过程在剖腹产手术中得到显著体现。这种方法明确要求医生进行更多管理，产妇们只需付出最少劳动就能产出最佳“产品”。但是剖腹产手术是一门外科手术，它出现并发症的几率高于阴道分娩 2~4 倍。这种技术在出现生育风险的时候得以使用，不过即便是按照程序进行也会对产妇健康甚至生命带来不确定性威胁。现今每四个美国人中就有一人是通过剖腹产手术降生的。[2]巴西是世界上剖腹产手术最高比例的国家之一，该国一项全国范围内的纳入社会保障系统研

---

[1] Vandana Shiva, “GATT and Agriculture” *the* [Bombay] *Observer* (1992).

[2] Neil Postman, *Technology*: *The Surrender of Culture to Technology* (A. Knopf, 1992).

究成果表明，剖腹产手术比例从1974年的15%提高到1980年的31%。而在圣保罗等大城市，观察到的数据显示这一比例高达75%。

而有关植物移植，当农业领域从绿色革命技术过渡到生物技术，人类自我复制能力也在发生同步变化。通过引入最新的复制技术，从母亲到医生、从女人到男人，必须重视知识与技术重新定位。彼得·辛格（Peter Singer）和迪恩·威尔斯（Deane Wells），在《生育革命》（*The Reproductive Revolution*）一书中提到培育精子的价值远远大于生产卵子。即使化学或机械工具仍进入身体，精子贩售地点给男生带来压力远大于卵子捐赠地点给女生带来的压力。[1]

目前，体外受精及其他技术被用于不孕不育等非正常情况，但正常与非正常之间的界限并非必然清晰。当广泛运用这类技术的时候，正常情况也存在被再次界定为不正常情况的可能。当怀孕现象最初被诊断为内科疾病的时候，专业看护仅限于这种非正常情况；而当正常情况被原来专业看护持续性照顾的时候，这便产生了助产士。二十世纪三十年代，英国近70%的幼儿是在家经由正常分娩出生；而到二十世纪五十年代，相同比例在医院分娩就被认为是不正常现象了！

---

[1] Peter Singer and Deane Wells, *The Productive Revolution*: *New Ways of Making Babies* (Oxford, England: Oxford University Press, 1984).

这种新的生殖技术也为重申一种长期的、纵深的父权主义信仰提供了同时代的科学修辞。这种信仰将妇女视为容器，而胎儿是由父亲的种子创造而来且由父亲所有，这从逻辑上也使得母亲和胎儿之间的联系出现断裂。

很多医学专家错误地认为是他们生产和创造了孩童，同时外界也强迫他们提供关于母亲的认知。他们认为自己拥有的知识绝无谬误，而妇女们的知识却是疯狂的歇斯底里。通过这些碎片化、侵入性的知识，他们创设了“母亲—胎儿”冲突，该冲突认为生命仅能通过胎儿形式显现，母亲沦为通过触犯刑法的行为威胁其幼儿生命的推手。

这种错误建构的“母亲—胎儿”观念冲突成为父权主义推动男性医学从业人员完全占据幼儿出生领域的思想基础，直到一个世纪以后妇女和接生员才被女权主义者接受而成为妇女职业选择之一。主张堕胎合法和开展违法活动均是以妇女和生殖领域的父权主义理论为基础。

通过技术对生命形式进行的医学构造经常与妇女思考和认识人类的生活经验出现偏差。当这种冲突出现的时候，父权主义色彩的科学理论及法律条文便开始相互支持以构建一种专业控制女性生命的局面，这可从近段时间以来代孕和新生殖技术产生中窥知一二。与妇女们再生能力密切联系的权利正在被那些作为生产者的医生和富裕的、失去生育能力的消费者所取代。

某位妇女的身体正在被当成机器进行开发利用，这并不意味着她需要医生和富人提供帮助。相反，该消费者作为养父，他需要生母提供帮助，尽管后者变成一个具有代孕功能的子宫。上述观点也在1986年著名的Baby M.案件中得到体现，玛丽·贝思（Mary Beth）同意外借她的子宫，但是在产检发现已经怀孕后，贝思希望退还租金而保留这个孩子直至出生。新泽西法院判定与贝思签署协约的这位男士的精子是神圣之物，怀孕和婴儿出生则不是。对法院判决观点的看法可见于菲利斯·彻思勒（Phyllis Chesler）《神圣约束》一本中，该书认为：

> 这些专家仿佛是十九世纪的传教士一般；玛丽·贝思也是一个特别倔强的本地人，她拒绝接受某种文明，而且更重要的是，她拒绝在不经历争斗的前提下掠夺她的资源。[1]

男人作为创造者角色也在一项繁冗的专利申请书中得到体现，该申请书的具体内容是有关人类松弛素编码后的基因序列特征。人类松弛素是一种在女性卵巢合成并储存的激素，它的作用是利于阴道扩张以方便生产。这种妇女身体天然生成的物

[1] Phyllis Chesler, *Sacred Bond: Motherhood Under Siege* (London: Virago, 1988).

质却被认为属于三名男性牙科医生的专利，彼得·约翰·胡德（Peter John Hud）、休·戴维·尼尔（Hugh David Nill）、杰弗里·威廉·特里盖尔（Geoffrey William Tregear）。[1]所有通过侵入性和碎片化的技术获得的所有权体现了碎片化技术、资源控制和所有权之间的联系，而形成父权主义知识体系的人们也因此拥有控制其他人的能力。

上述项目能够获得成功是以接受三种分离状态为基础的。首先是思维与身体的分离；其次是性别的分离，即男性活动被认为后天智慧，而女性活动被认为先天而成；最后是认知者和已知者的分离。这种分离状态也被用于创造边界的政治构思过程中，如从不思考的、被动的女性或自然状态中区分出思考的、主动的男性。

当今生物技术知识产权制度已成为区分天然与培育之间边界，界定妇女和农民知识及其工作是否是天然形成的主要手段。父权主义结构也被认为是天然的，尽管它们并无任何天然形成特征。冯·霍夫（Von Werlhof）指出，从主流观点来看，天然即是那些可以自由获取或尽可能便宜的物品，这也包括社会劳动产品。妇女和第三世界农民付出的劳动并不认为是人工劳动力，它们是天然的自然资源；它们的产品也类似于天然

[1] European Patent Office, application no. 833075534.

矿藏。❶

边界的创设和产生

从高价值到低价值，从劳动力到非劳动力，从有知识到无知识的转变是由两项非常强大的思路所促成的，即生产边界和创造边界。

生产边界是一种政治构思，它将生产领域中再生周期排除在外。一国会计制度体系主要通过国内生产总值核算经济增长速度，该制度设计基础即假设生产者、消费自己生产产品，但事实上它们并非完全进行生产，因为它们超出了生产边界。❷所有妇女的产出都是为了自己的家庭和孩子，所以也天然地视为不具有生产力，从经济学来说这些都是不活跃因素。联合国环境与发展会议有关生物多样性议题的讨论也指出产品仅供个人消费应被视为市场营销失败。❸因此，经济学领域自给自足

---

❶ "Women and Nature in Capitalism."

❷ Marilyn Waring, *If Women Counted* (New York: Harper & Row 1988).

❸ United Nations Conference Environment and Development, "Agenda 21", adopted by the plenary on June 14, 1992, published by the UNCED Secretariat, Switzerland.

应被视为市场经济情况下一种经济总量不足的状态。贬低妇女所从事的工作以及在第三世界中对生存经济所作出的贡献，是资本主义国家构思的生产边界导致的必然结果。

创造边界面对的知识就是生产边界相关认识，它排除了妇女以及第三世界农民和土著居民的创造性贡献，同时认为这些主体所参与的是未加思考的、反复的生态过程。这种将生产从生殖过程中脱离，以及生产过程经济化和生殖过程生态化的现象也成为某些对待自然观点的潜在理论基础，即使它们已在社会学或政治学领域展开过讨论。

父权主义在创造边界问题上出现错位有很多原因。首先，假定男性活动系真正的创造过程必须要求该活动是无中生有的，但是从生态学角度来看这是一种错误看法；没有任何技术制品或工业产品能够无中生有，没有任何工业生产工艺事先不曾出现。天然及其创造力以及人类社会劳动力都是作为原材料或能量在每个工业生产层次上进行消耗的。被视为创造物且受专利制度保护的、通过生物技术制造的种子也不能脱离农民而独立存在。这种假设也仅在工业生产过程中被视为创造，因为它们的产品不会隐藏生态破坏结果。父权主义创造边界默认生态破坏也属于创造成果的一部分，生态再生行为也应作为生态循环破坏和可持续灾难发生的基础。维持生命形式首先意味着使生命获得重生；但是依据父权主义观点，再生并不是创造，而仅仅是重复。

父权主义有关创造力的界定也是错误的，因为它没有看到妇女和自给自足生产者为抚养孩子以及培育种质资源开展活动，这两者均需要保护再生能力。

父权主义有关创造力将降低新颖性的假设也同样是错误的，再生并非简单重复。当工程活动创造一致性的时候，它也包括多样性。事实上，再生也是指如何制造和恢复多样性的过程。

没有任何工艺技术是无中生有的，当生命形式成为工业生产原材料的时候，父权主义有关“创造”神话，尤其在生物技术领域将失去合理性。

重新建立联系

碎片化和分离化的根源在于父权主义对妇女和自然产生的影响。自然分离或受制于文化；精神区别或高于物质；女性不同于男性但等同于自然和物质。控制妇女和自然是结果之一；毁坏再生系统是结果之二。疾病和生态破坏均源自对生命和健康再生循环系统的干扰。健康和生态危机要求假定人类能力能够完全设计这个世界，包括种子和妇女身体的观点仍存在疑问。父权主义假设自然这个词无法精确界定，且是被动说明。生态学迫使我们认识与自然互动过程中出现的和谐与不和谐现象。理解和感知这种联结和关系是生态学必须要面对的问题。

生态运动的主要贡献为使人们意识到思维和身体、人类与自然并不会出现分离。自然形成的关系和联结为我们的生命和健康提供基本条件。这种联结和再生理论也替代了导致生态破坏的分离和破碎理论。与自然保持团结的理论孕育而生。该理论暗示自然和培育之间的关系发生根本转变，即两者以一种相互渗透、不再分开和对抗的方式相处。通过再生理论与自然构建合作伙伴关系，妇女们能够同时恢复其权利和自然的活跃度以及创造力。本理论并不是实在论，因为本质上，它否认父权主义被动认定为妇女和自然本质特性的说法。本理论也不是决定论，因为自然是通过多种场景设定的多重关系来进行解释说明。自然农业和自然婴儿出生包括最高层次的人类创造力和敏感度，这种创造力和知识来源于合作关系和相互参与，而非分离行为。妇女和社区在每天日常生活中逐渐养成的与自然成为伙伴的观点，既是一种重新建立联系的观点，也是一种通过活力和多样性实现再生的过程。

第四章

生物多样性和人民的知识

本章导读

生物多样性全球化的提法本身就是一种谬论。生物多样性长期存在土著和当地社区，也成为前述居民、社区、区域、国家的居住、生存基础和前提。生物技术的出现、知识产权制度的勃兴否认了自然的创造力并经由国际法律制度确认而主流化、正当化和常态化。生物勘探行为及相关协议的出现即使确保拥有生物多样性的居民、社区、区域、国家能够基于该行为获得部分价值和收益，但这种行为所展现的漠视前述主体天然权利、生物资源和相关传统知识内在价值、借提供能力建设支持之名而行建构自身基础设施之实、生物勘探成果“内部化”等弊端也昭然若揭。生物勘探行为、知识产权制度、生物剽窃现象正成为一个必须让发展中国家、第三世界国家足够警醒的精妙逻辑闭环。

热带是地球生物多样性的摇篮，生态系统的多样性无与伦比。[1]大多数第三世界国家都位于热带，因此具有丰富的生物多样性禀赋，但现正被加速破坏。这些地方生物多样性遭到大规模破坏的两个主要原因是：

1. 建设国际资助的大型基础设施导致的常规破坏，如在生物多样性丰富区域构建大坝、高速公路、矿井和水产养殖等。蓝色革命即是一例，它主要通过集中养虾活动而对丰富海洋生物多样性的沿海和农业生物多样性丰富的内陆造成破坏。

2. 以技术和经济手段推动森林、农业、渔业和畜牧业同质化而取代多样性。绿色革命即为一例，它主要借助生物同一性和单一栽培循序渐进地实现更替。

---

[1] Vandana Shiva, *Monocultures of the Mind* (London: Zed Books, 1993).

生物多样性退化始于连锁反应。某个物种消失与无数其他物种灭亡有关，还与食物网络和食物链条相互关联。但是生物多样性灾难现象出现并非单一的物种消失，该物种可能作为工业原材料使用并为公司企业带来丰厚回报。从最基本的角度来说，这场灾难会威胁第三世界国家的生命支持系统和数以百万人的生计。

生物多样性是人们的资源。当工业化世界和小康社会重提生物多样性这个词的时候，第三世界国家的穷人们仍在持续依赖生物资源提供食物及营养，以照顾健康、供给能量、衣衫遮体和满足基本居住需要。

全新生物技术的出现改变了生物多样性的价值和意义，它将穷国提供生命支持基础的生物多样性改变为富国工业生产的原材料。即使有越来越多文献提到“全球生物多样性”“全球遗传资源”等说法，生物多样性——不像大气层或海平面一样——它并不是生态学意义上的全球共享资源。生物多样性存在于特定国家之中且由特定主体使用。它所具有全球性特征仅在它作为全球（跨国）公司原材料才得以体现。

全新知识产权制度的出现将会对生物多样性进行全新的和可能的加速剥夺，这也会导致该制度与生物多样性之间出现全新冲突——有关私人和共同所有权，以及全球和地区使用之间的冲突。

生物多样性：谁的资源？

生物多样性长期被视为本地公共资源。如现今社会体系以正义和可持续原则使用某种资源的时候，它便可被认定为财产。该笔财产也包括有关使用者之间权利与义务、使用与保护集中式规定，以及一种与自然开展协同生产和在社区成员之间分配礼物的意识。

各界对资源所有权、“知识”具体界定等问题有不同层次理解，私人财产制度和共同财产制度之间也对“获取”资源和知识存在不同看法。共同财产制度对生物多样性内在价值有相应认识；知识产权制度主要承认商业开发创造价值。有关共同财产状态下知识和资源的制度设计对自然创造力也有所认识。约翰·托德（John Todd），一位极富远见的生物学家指出，生物多样性涵括了生命形式经历35亿年实验而得出的智力成果。人类生产被认为是与自然协同生产和创造的成果。然而正好相反的是，知识产权制度前提是否认自然创造力。但是，知识产权制度却仍然攫取现有土著知识和公共领域知识成果创造力。申言之，当知识产权制度对资本投入保护更多而对每项创造力认识较少的时候，对知识表现形式以及相关产品和技术或工艺主张所有权的趋势均朝向资本集中区域而远离无资本累积的贫困人群。因此，知识和资源已彻底远离于最初的守护者和捐赠者，而成为跨国公司垄断对象。

借由上述发展态势，生物多样性也从当地共同状态变为封闭的私人财产。实际上，对共同状态财产进行“封闭”正是生命形式和生物多样性相关知识产权制度设计之初衷。这种封闭行为正通过TRIPs协议规定以及CBD公约（*Convention on Biodiversity*）合理解释而变得正当。上述行为也同样通过生物勘探协议得以加强。

知识和生物多样性私有化的核心是对本地知识价值的贬低、对本地权利的替代，同时以创新性为由对生物多样性利用创设垄断性权利。有时候传统社区中也会出现垄断行为的说法，不过以农业领域为例，种子和知识是可以作为礼物而进行自由交换的。类似的药用植物知识也是当地共同资源。

以植物为基础的诊疗技术出现了两大分类——民歌形式和专业形式，如韦达养生学、悉陀和尤纳尼医学。不过即使是专业形式也取决于民歌形式。在韦达养生学古典著作中，《接罗迦本集》[1]，对土著医疗从业者提出如下建议：

从牧民、森林隐居者、苦行僧、猎人和园丁那里

[1] 著名印度药书。——译者注

> 获得知识，通过了解存在形式和性能，以对草本和药用植物有所认知。[1]

阿育吠陀[2]知识是印度人民常识组成部分。传统民歌和专业医药体系相互支持，而不像制药公司主导的医药行业那样，普通民众无法在后者场合扮演知悉知识的角色。

非西方医药体系与西方医药工业体系确有不同，即土著医疗从业者并不会就其实践活动施加商业垄断。这些人或许并不会免费交换知识，但他们会免费赠与其获取的利益。他们也不会使用这些知识无限制地积累私人利润及财富。他们的实践在我们印度被称为 gyam daan，即知识的礼物。

从另一方面来说，按照它们的逻辑，知识产权制度通过专利期限内排除他人使用行为而获取知识利润。当知识产权制度经常以本土知识为基础且正在修补迄今处于共同所有状态的生物多样性时，它们也相当于知识和物质“外壳”。因此，人们失去了获得对生存和创造最重要的知识与资源、以及保护文化和生物多样性的机会。

围绕知识议题曾在历史上出现过两种重要趋势。其一，越来越多的人认识到西方机械简化论范式是生态和人体健康出现

---

[1] *Charaka Samhita*, Sutra Sthaana, Cnap. 1, Sloka, pp. 120-121.

[2] 一种印度草药按摩技艺。——译者注

灾难的根源，而非西方知识体系可以更好地适应这种生活。其二，准确的说当土著知识体系开始崭露头角之时，《关税和贸易总协定》便运用知识产权制度加强西方知识体系的垄断，且当开始剥削土著知识体系以创设知识产权制度垄断的时候，也对该知识体系进行贬低。

土著知识和知识产权制度

以土著知识为基础的植物药品和生产工艺可专利性问题日渐成为知识产权领域主要争议焦点。楝树的专利问题便是其中一例。

楝树，拉丁名为 Azarichdita indica，是一种原产于印度的形态美丽的树种。该树作为生物杀虫剂和药用价值已在印度流传多个世纪。在印度某些地区，新年伊始居民们都要食用楝树嫩芽。而在其他地区，楝树被奉为神灵。现如今印度家家户户都在晨起时使用 datun，一种楝树做的牙刷刷牙并借助其药用及抗菌成分保护牙齿，印度社区花费多个世纪对其护理和给予尊重，同时也形成有关繁育、保护楝树相关知识，同时也让楝树广泛分布于田间地埂、房前屋后和公共土地。

如今，这项遗产正在被“伪装”的知识产权制度剽窃。

多个世纪以来，西方世界忽略楝树及其特性，印度农民和医生的实践并没有被这些来自英国、法国和葡萄牙殖民者予以足够重视。不过在最近几年时间里，尤其在杀虫剂领域反对制造化学产品的声音甚嚣尘上，这也促使社会各界对楝树药用特性产生了突如其来的热情。从 1985 年开始，近十多项美国专利从美国专利局喷薄而出，日本公司也获得了稳定的楝树溶液及乳剂配方，以及楝树牙膏专利。而在这些专利中，至少有四项专利分别由美国 W. R. 格瑞斯（W. R. Grace）和国家植物研究所、日本泰尔茂公司（其余两项专利）获得。在获得专利权之后，以及获得美国联邦环保局许可预期之下，W. R. 格瑞斯通过在印度建立生产基地而进行产品生产和销售。该公司接触若干印度制造商后希望买断它们的技术或说服它们停止生产增值产品且转而向其提供原材料。W. R. 格瑞斯也可能被其他拥有专利的公司跟风。《科学杂志》认为，“从楝树中榨取金钱可能相对容易一点”。[1]

《农业生物技术新闻期刊》邀请 W. R. 格瑞斯展示通过加工而生产的“世界上首个楝树相关生物杀虫剂装置。”不过几乎在印度每个村庄的家家户户都有生物杀虫剂装置。印度村舍产业组织 *Khadi* 和村庄产业委员会已经使用和售卖楝树产品近

---

[1] R. Stone, “A Biocidal Tree Begins to Blossom”, *Science* (February 28, 1992).

四十年之久。私人公司如*Indiara*也启动楝树杀虫剂生产。楝树牙刷也由某家土著当地公司，Calcutta Chemicals 生产数十年。W. R. 格瑞斯所获得专利的正当性取决于有关现代提取工艺是否构成真正的创新：

> 尽管传统知识能激发研究和开发活动从而促进专利成分及技术的产生，它们也被认为具有足够的新颖性且不同于天然的原始产品和具备专利可能性的传统使用方法。[1]

简言之，该项工艺应被认为具有创新性，且领先于印度传统技术。不过这种创新性仍存在于易被西方忽视的领域。2000多年以来，以楝树为原料的生物杀虫剂和药物已在印度家喻户晓，很多复杂成分也被不断开发而可将其用于特殊用途，虽然这些活性成分并未通过拉丁文予以明确记载。共同所有知识和楝树的使用现状是印度联邦杀虫剂委员会不在1968年《杀虫剂法案》中对楝树产品作出规定的重要原因。该委员会认为楝树材料在印度不同领域广泛使用的时间已足不可考，且并没

[1] Letter to Professor Narjundaswamy, convener of the Karnataka Rajya Raitha Sangha Farmer's Organization.

有发生任何可知有害影响。[1]

生物多样性拥有不同特性可以满足人类不同需要。以楝树案为例，对于该树种所具有生物杀虫特性的知识即属于元知识——即关于原理的知识——处于公共领域。不同阶段的技术都可以运用这些知识生产各种楝树相关产品。这些知识是显而易见的，而不是有创新性的。

而在微型知识层次——对技术工艺进行调整的知识——主张楝树相关知识产权不具有合法性主要有两层理由。首先，它认为自然和其他培育过程具有的创造力；其次，楝树案中这种认识将产生生物杀虫特性是由专利权人创造的错误观点。它这种微小修补过程视为创造活动，却并不承认特定种群是某些特性和特征的主要来源，以及社区应成为允许被利用知识的主要来源。

知识产权制度与价值密切相关。如果所有价值被认为与资本有关联，这种修补过程对价值增值来说是非常必要的。因为同样的调整行为适用于其他物种似乎并不能产生杀虫效果。社区是楝树具有生物杀虫功能知识的主要来源，而不是小规模认识论所认为的发明者，且是具有强大技术实力的调整者。

---

[1] The EPA does not accept the validity of traditional knowledge and has imposed a full series of safety tests upon one of the products, Margosan-O.

知识产权制度允许对生物多样性和共同所有的知识进行私有化。“生物勘探行为”也增加了用于描绘这种新的封闭形式的词语。

生物勘探行为与人民知识

生物多样性是通过文化多样性的繁荣而得到保护的。通过使用土著知识体系，文化样态构建了使用和复制生物多样性的分散型经济和生产系统。相反，单一栽培通过集中控制方式进行生产和复制，从而消耗着生物多样性。

生物多样性保护带来的挑战扩大了多样性和分散型为基础的经济形态的适用，缩小了以单一栽培、垄断和不可持续性经济形态的适用。当所有的经济形态都将生物多样性视为一种生产要素的时候，只有多样性为基础的经济形态才能产生多样性，单一栽培的经济形态只能产生单一栽培作物。

当土著知识体系及产品与主流知识体系及产品开展互动的时候，对土著知识体系或主流知识体系未来选择进行预计是非常重要的。谁的知识和价值将会影响未来不同社区的选择？

世界资源研究所将“生物勘探行为”界定为一种具有商

业价值的遗传和生物化学资源搜索行为。[1]这种说法借鉴了黄金或石油勘探活动。当生物多样性迅速变为制药或生物技术产业所认为的“绿色黄金”或“绿色石油”的时候，勘探人员被建议有权使用和评估生物多样性，虽然土著当地社区是这项权利实际拥有者。而且，该说法还建议在开展活动之前，生物资源应处于埋藏、未知、未使用以及价值未知状态。不过，与黄金或石油储藏不太一样是，通过生物勘探协议提到相关知识，社区也逐渐知晓了解生物多样性的使用和价值。

生物勘探的说法也隐藏了在先使用、知识以及生物多样性的相关权利。随着替代性经济形态逐渐消失，西方生物勘探人员也计划成为药用及农业领域获取使用生物多样性的唯一主体。当替代方案消失的时候，知识产权制度形成垄断则是自然而然的事情。

当可替代和自由交换的知识——如楝树或其他药用植物的使用相关知识——逐渐消亡的时候，受知识产权制度保护的公司将会成为治疗癌症或生物杀虫制剂的唯一供货商。它们禁止非权利人对在缺乏替代性方案前提下对也被视为合法的产品主张增值或行使垄断权利，即便存在替代性方案，也被认为属于违法行为。

---

[1] World Resources Institute，1993.

这种只认可西方世界实体的使用和价值评估行为的观点偏差在西方学界有关生物勘探理论研究中极其常见。正如某评论人士指出：

> 随着工业界对遗传资源和生物化学资源兴趣增长和更多研究和保护机构认识到它们必须使用或面对本国生物多样性丧失的现实，收集者与生物资源样本提供者之间开始出现合作协议，制药和生物技术公司也会变得更加重要。通过展现前述主体之间的相互关系，这些协议将会确保一部分作为生物多样性守护者的国家和人民能够获得源于产品生物或利用基因产生的价值。❶

生物勘探有关增值的概念掩盖了破坏或移除土著植物和知识价值行为。基因是特定的植物价值链组成部分，尤其是当基因能够在试管内进行复制的时候，植物更是必不可少。当土著社区确认植物有用特征之后，社区——及其生活方式和知识体系——也开始变得必不可少。

从农业以及健康领域专利商品市场份额看待生物勘探活动是非常重要的。为了扩大种子、生物杀虫剂以及制药公司市场

---

❶ Susan Laird, "Contracts for Biodiversity Prospecting," in *Biodiversity Prospecting*, World Resource Institute (1994): 99.

份额，同样的公司对生物多样性商业化的预期也能够以替代价值和知识体系为基础而发生经济形态的转换。

当土著社区被要求将其拥有的知识卖给跨国公司的时候，它们也会被询问售卖其与生俱来的权利以便能够在未来持续实践的生活传统，并通过其拥有的知识和资源提供补给。这种情况已出现在工业化国家种子领域以及以第三世界知识为基础的植物药用领域。目前，大约 120 种活性成分从高等植物中分离并广泛用于现代医药行业，其中近 75% 的成分被认知属于传统医药体系。十余种成分经简单化学改良而成为合成物，而剩下的直接来自植物提取并提纯。[1]据报道使用传统知识提高植物药用功效的使用率比例高达 400%。

为了改善生物勘探活动不公正和不道德，相关协议将对第三世界国家所做贡献提供补偿。例如，1992 年，伊莱·莉莉（Eli Lilly）就向一家知名生物勘探公司，萨满制药公司（Shaman Pharmaceuticals）支付 400 万美元以专属享有源自当地医疗知识的全球范围内销售抗真菌药物权利。The Healing Forest Conservancy[2]，萨满公司资助的非营利组织，也要求返还部分比例的收入给当地居民和萨满制药公司所在国政府，虽然具体

---

❶ Farnsworth, quoted in *Biodiversity Prospecting* (1992): 102-3.

❷ 一家以促进热带雨林保护和提升热带雨林居民福利的非政府组织。——译者注

比例是多少尚未披露。

西方公司认为土著知识体系和土著居民权利并不存在。因此，一份主要以多种植物药相关土著知识为基础的制药行业出版物指出，第三世界国家生物多样性的相关权利并非人们知识相关权利或历经多个世纪进化而来的习惯性权利，而是一种源于地理上以外的新主张的财产权利。发展中国家能够就外国人从植物或动物中提取的药物进行权利主张的内容主要为地理上的费用。[1]但是，某些分析家也假设商务人士、科学家以及律师相互见面展开协商。不管是生物多样性丰富国家的人民还是政府都被纳入生物勘探协议协商过程中。[2]

投入较多宣传力度之一的案例即为 1991 年美国默克制药公司与哥斯达黎加国家生物多样性研究所签署协议。默克公司同意支付 100 万美元获得保存和分析哥斯达黎加热带雨林公园植物样本权利，这些植物样本是由研究所工作人员获取的。跨国公司实现这些不受限制的权利的预期收入为 400 万美元，与作为对价支付给这家小型保护机构使用费 100 万美元相比，前者似乎并没有尊重当地社区及哥斯达黎加政府的权利。而且，该协议也并不是与生活或靠近国家公园的人们签署的；后者并未在这场交易中发表意见或承诺获得任何收益。当地政府也是

---

[1] SCRIP, quoted in *Biodiversity Prospecting* (1992): 102-3.

[2] *Biodiversity Prospecting* (1991): 103.

如此。该协议是由跨国公司与保护机构签署的，是由美国著名保护生物学家丹·杨森（*Dan Janzen*）发起的。

本协议签署的意图是阻止南北资源自由流动，正如杨森指出，未向东道国支付任何利润的获取与开发的时代已经结束了。对杨森来说，哥斯达黎加是一个拥有近50 000平方公里，其中12 000平方公里包括500 000个物种的国家。这个国家拥有3 000 000个利益相关人。目前，每个利益相关人国民生产总值约为1 500美元。哥斯达黎加人民希望的生活标准可以维持在10 000~15 000美元正常水平。

综上所述，国家生物多样性研究所允许各国主体参与商业性勘探活动可以解决问题。但是这些售卖的勘探权利最初并没有任何关于生物多样性的权利，且这些售卖和通过交易而被让渡的权利主体并没有商议或参与机会。

而且，当生物勘探活动支付费用用于构建第三世界科学能力的时候，实际上却是在建构跨国公司的基础设施。来自于土著和当地社区药用植物的世界市场价值估计为430 亿美元。这笔钱在某些场合仅有微小部分用于支付生物勘探活动费用。这些费用被打算用于提升来源国研究能力。当默克公司为哥斯达黎加大学提供化学提取实验设备时，前者确认它们对该设备具有独家商业使用权利。“能力建设”因此被跨国公司俘获而成为噱头，并不能为更多的来源国提供服务。

另外一个问题是生物勘探成果经常成为与跨国公司有联系的科研机构的科研交换对象。由于科研交换是发生在公共领域免费活动，但是在产品开发过程中商业利益借由收集和筛选活动而具有产权属性受知识产权制度保护，生物勘探协议各方核心权利呈现明显不对称。

此外，土著社区也被询问到与西方跨国公司协作共同就相关知识申请专利保护。但是，主要来自于西方研究机构的资本迅速转化为强大的商业利益，它们也控制着资本和市场。因为社会发展对于生物多样性领域正在增长的专利现象持否定态度，所以将部分孤立的社团或个人界定为生命形式专利的“淘金者”似有必要。

专利路径能够保护土著知识吗？土著知识的保护意味着未来后代在日常健康看护和农业生产中能够持续获得和有效使用这些知识。如果以专利为基础的经济组织出现的话，那么它将取代土著生活方式和经济形式，土著知识便不再被作为活态遗产进行保护。如果我们意识到不能指出自然资源生态价值的主流经济模式将成为生态危机的根源，即使将这种模式适用范围予以扩大也无法保护土著知识或生物多样性。

我们需要转变成一种替代性经济模式，该模式中的行为不会减少市场价格，所有人类活动都能够商业化。

从生态学意义上来说，这种方式包括认识生物多样性价值本身。所有生命形式都有生活的固有权利；它是防止种群灭失的高于一切的原因。

从社会层面来说，不同文化背景下所展现的生物多样性价值也值得注意。神圣的丛林、种子及种群一直是将生物多样性视为神圣的文化手段，也向我们提供了最佳保护实例。生物多样性社区权利，农民和土著居民对于生物多样性保护和进化作出的贡献，也需要从未来主义，而不是原始主义[1]来看待这些知识。我们需要认识到这些非市场价值，如提供价值和生计，且这些价值并不能被认为属于次要市场价值。

从经济层面来说，如果保护生物多样性的目的在于维持生命而非创造利润的话，就必须移除与生物多样性保护相联系的破坏和责罚行为的那些动机。如果以生物多样保护而非其他思维指导经济发展的话，日趋明显的看法是那些通过公共补贴而存在的所谓高产量的同类的、一致的系统均来自于人工。产量和效率需要重新界定以反映具有生物多样性特征的多重投入和产出方式。

此外，将相当于授予合法性等破坏生物多样性、以及为提供展览而改变保护状态等行为产生的少量收益为生物多样性保护提供经济支持的逻辑并非生物生存与存活的理论基础。

---

[1] 原始主义和未来主义均是一种艺术思潮。——译者注

不管是确保生态还是生活获得可持续性，恰当的解决思路即是需要明晰谁在控制生物多样性。直到目前，当地社区，特别是妇女，已经使用、开发和保护着生物多样性，也是地球上生物财富的守护者。如果生物多样性保护基础开始变得强大和逐步深入的时候，她们的控制行为、知识以及权力有必要得到加强。这种强化状态应通过当地、国家和全球行动计划得以实现。

专利和知识产权制度全球化是触发生态破坏和对种群消失作出贡献的经济形态日益扩张的突出表现。当土著社区被引入这种经济形态之中，为其他经济组织形式提供有价值的文化多样性将会出现不可逆转的破坏。

通过生物勘探活动利用土著社区知识仅是创设知识产权保护工业制度体系的首要步骤，它最终将使用本地知识作为投入方式而制造大宗商品，而并非依靠对知识体系的道德认知、认识论观点以及相关生态组织。那些将生物多样性片段作为原材料生产商品的制造者经由专利保护而取代曾被剥夺的生物多样性和土著知识。

平等、公平以及赔偿等议题都需要通过系统方式得到评价，都需要从土著知识层面以及通过在药用和农业领域工业产品开展积极市场营销等角度统筹考虑。某些核心问题必须作出回应。是否有权替代可供选择的产品和组织来源？这种破坏行为得到足额赔偿了吗？地球、居于其中的有关社区，具有生物多样性特性和可供选择的生活方式耗尽了各种原材料，形成一个只能产生文化、生物单一性的集中式、全球公司文化吗？

专利制度，归根到底，是为资本投入而设计的法律制度，它本身缺乏控制资本的能力。同理，它既不能保护普通民众也不能保护知识体系。

生物勘探活动本身就没有任何尊重人民和社区权利的空间，因为后者并不希望“封闭”共享空间。但是，对于那些必须接受封闭公共空间的人们来说，他们能够找到生物勘探活动替代方案。

恢复生物多样性共享状态

现如今，越来越多的生态运动以捍卫农业、药用生物多样性及其人民知识被熟知。恢复和保护生物多样性共享状态，首要及最先的任务即是开展一场政治和社会运动以了解生命形式多样性所具有的内在创造力。它呼吁在生物多样性所有权和使用过程中引入共同财产权制度。而且，它的目标是实现知识共享状态——生物多样性获取使用的知识处于公共领域而不会被商业化。

首次积极主张恢复生物多样性共享状态的集会游行示威发生在1993年8月15日印度独立日，走上街头的农民们要求他们知识由集体知识权利（Samuhik Gyan Sanad）进行保护。根据农民们的说法，正如楝树案一样，任何公司未经当地社区许可使用本地知识或资源的行为都将被视为剽窃知识行为。

前述概念在1993年第三世界网络跨学科专家小组会议上得到进一步阐述。集体知识产权（CIRs）的积极主张为创设集中农民保护和提升植物遗传资源的专门权利体系提供了机会。该体系的有效性仍需要依据不同国家特定情况来重新演绎。目前也仅有知识产权制度多样性变得可能；法律多样性相反也能保护第三世界国家农民社区的生物和文化多样性。知识产权多样性也是一个具有空间的多元化制度体系，包括集体权利制度，它也能够反映不同背景下不同类型知识的产生和传播。除了对农民权利进行积极保护制度体系如植物育种者权利制度以外，专门权利制度也能够在土著医药领域发展共同权利。

此外，集体知识产权制度相互关系也反映第三世界人民的关切和知识，知识产权制度带着西方世界对个性化、司法适用程序的偏见而不断发展以至于缺乏对乡村社会发展的关怀。专门权利制度必须有效防止系统性地掠夺第三世界生物资源及知识，同时维持第三世界农村社区知识和资源自由交换。

保护集体权利的专门权利制度必须基于生物民主理念——该理念是指所有知识和使用生物有机体的生产体系都具有相同效力。相反，TRIPs 协议是基于生物帝国主义理念——该理念认为只有西方公司的产品和知识需要得到保护。如果没有经过挑战，TRIPs 协议将会变为取代和分配知识、资源和第三世界人民权利的工具，尤其是那些以生物多样性为生计，以及那些利用生物多样性最初的所有者和改革者。

生物剽窃现象的“合法化”

TRIPs 协议并非大量公共和商业利益或第三世界国家与工业化国家民主协商的产物。它是西方跨国公司对全球多样性社会形态和文化表现形式灌输价值观和利益主张的产物。

TRIPs 协议框架是由三个组织构思和搭建的，即知识产权委员会（IPC）、日本经济团体联合会（Keidanren）和企业和雇工联盟（Union of Industrial and Employees Confederations, UNICE）。知识产权委员会是 12 家美国主要公司的联合体，百时美施（Bristol Myers）、杜邦（Dupont）、通用电气（General Electric）、通用汽车（General Motors）、惠普（Hewlett Packard）、IBM、强生（Johnson & Johnson）、默克（Merck）、孟山

都、辉瑞（Pfizer）、罗克韦尔（Rockwell）和华纳（Warner）。日本经济团体联合会是日本经济组织联盟，企业和雇工联盟被认为是欧洲商业和工业官方发言人。

跨国公司对TRIPs协议抱以浓厚兴趣。例如，辉瑞、百时美施和默克等公司早就在未支付使用费基础上从第三世界获取生物材料后获得专利保护。

同时，这些团体也在紧密合作将知识产权制度引入《关税和贸易总协定》中。

孟山都公司詹姆斯·恩亚特（James Enyart）对知识产权委员会作出如下评论：

> “目前尚无贸易团体或社团真正提交议案，我们不得不新设一个……当团体成立后，知识产权委员会的首要任务即是重复我们先前在美国重复的任务型工作，与欧洲和日本工业社团一起讨论并说服它们该议案是可行的……我们在此咨询了很多利益集团。这并不简单且我们三边团体也吸收很多发达国家法制经验，即基本原则应为保护所有知识产权制度提供服务……除了在国内‘兜售’我们的理念，我们也前往维也纳向《关税和贸易总协定》工作人员提交我们的文件。我们利用此次机会像绝大多数国家代表发表观点……我向你陈述的内容在《关税和贸易总协

定》规定中是完全没有的。工业界也认识到国际贸易存在的主要问题。它们也提出了一种解决方式，将其变为一项具体建议并提供给我们和其他国家政府……世界贸易的从业人员和工商业从业者也同时扮演着病人、诊断医生和处方医师的角色。”❶

通过从不同社会团体夺取这些角色，商业利益也取代了应对TRIPs协议本身道德、生态和社会议题的关注。在《关税和贸易总协定》乌拉圭回合谈判之前，该回合谈判于1993年结束，知识产权制度并未普及。每个国家都有其本国知识产权法律以符合其道德和社会经济条件。知识产权国际化的主要推动力是由跨国公司造成的。即便认为知识产权制度属于法定权利，跨国公司也使得它的出现变得更加自然。随后它们也使用《关税和贸易总协定》以保护它们所界定的知识产权所有者相关权利。正如1988年知识产权委员会、日本经济团体联合会和企业和雇工联盟联合出具的行业报告指出，“《关税和贸易总协定》基本框架均与知识产权条款有关”：

因为各国知识产权保护制度各有不同，知识产权权利所有者也耗费不成比例的时间和资源以获取和捍

---

❶ James Enyart, “A GATT Intellectual Property Code”, *Less Nouvelles* (June 1990): 54-56.

> 卫权利。这些所有者也发现知识产权的实现主要障碍在于法律和行政法规设定有关限制市场获取或返还利润能力等规定。❶

专利法案中所有不合时宜的因素均在1988年行业报告中得以展现。它们包括延长生命专利周期，扩大适用主体和产品专利适用范围，这些因素也降低了专利和强制许可实施过程中的要求。1970年印度专利法案并未在制药和农业化学领域设定产品专利，为了实施TRIPs协议规定而于1995年由印度政府推动修改的专利法案，尽管最终遭到拒绝，但仍允许产品专利的应用并授予专属市场权利。对产品专利的推动也在“基本框架”行业报告中得以明确表述：

> 某些对机械和电子设备进行保护的国家否认这是对新物质进行保护。而制药和农业化学等化学领域，某些国家仅就生产该产品的特定工艺授予专利，其他国家也仅对该工艺生产的产品提供保护。不过，化学物质通常以不同方式表现，也很难轻易对其所有表现形式授予专利。当出现一种有价值的新的化学物质相关专利的时候，技术专利因而成为向仿造者简要介绍通过其他方式

---

❶ “Basic Framework for GATT Provisions on Intellectual Property”, statement of views of the European, Japanese, and U. S. business communities, June 1988.

> 制造此化学物质的方式；通常情况下对有实力的化学家而言经过相对简单的试验即可达到目的。[1]

类似的，印度专利法案也规定强大的强制许可规定确保公众获取食品和药物基本权利并不会因为获取利润而被忽略。但是，跨国公司也认为对公共利益的保护是一种歧视行为。正如它们所述：

> 授予专属性权利是一个有效的专利制度核心内容。不过，某些国家为了满足第三方需求而在某些领域进行强制许可。食品、药物和某些农业化学领域是被认为遭受歧视的特定目标。这一结论对所有权权利而言也是不必要的伤害。[2]

跨国公司并不太看重专属市场权利和对公民基本人权垄断行为造成的伤害是否满足他们的基本需求。跨国公司在知识产权制度设计中限制所有的公共利益因素，比如实施条件和强制许可都被视为滥用法条。依据它们的观点，商业现实情况是唯一需要考量的因素。道德限制以及社会和经济必要性问题仅被视为它们进行商业扩张面临的障碍。

---

[1] *Ibid.*

[2] *Ibid.*

在跨国公司的单边影响下，生命形式也被纳入到可专利对象。由于知识产权委员会很多公司都在化学、制药以及农业化学领域具有商业利益，且新的生物技术出现，它们要求对生物有机体施加专利保护。正如“基本框架”行业报告所述：

> 生物技术，使用微生物有机体制造产品，表明相关领域专利保护并未跟上健康、农业、废物处置和工业领域大步向前的步伐。生物技术产品包括为制造基因、杂交瘤、单克隆抗体酶、化学物质、微生物及植物提供基础条件。尽管生物技术业已受到广泛关注，很多国家也保留有效的专利保护以证明值得在相关研究和开发领域进行投资。这些保护方式主要用于生物技术过程和产品，包括微生物及其组成部分（质粒和其他载体）以及植物。[1]

生命形式是否可专利性的问题不仅仅是一个与贸易相关的议题，它首先是一个道德和生态学的议题且本质上与生物剽窃行为带来的社会不正义相关联。如果真正实施的话，TRIPs协议将会对环境的健康以及生物多样性的保护带来巨大影响。

---

[1] *Ibid*.

第五章

“跌倒”的生命

本章导读

生物技术、知识产权制度破坏并摧毁生物多样性的主要表现为推广单一栽培作物及技术。尽管如此，单一栽培并未导致作物产量提高、农民收入增加，相反却带来化学元素侵入到生物物种之中进而造成基因污染、并使得传统社区出现道德关怀缺失、传统权利异化并引发了非暴力不合作等形式的抗争。

多样性是可持续性的关键所在。它也是相互关系和相互作用的基础——“回报法则”是以认识到所有种群应从苦难中享受自由和快乐的权利为基础的。不过现如今以自由和多样性为基础的“回报法则”正逐步被投资回报逻辑所取代。基因工程技术，甚至当它掠夺全球生物多样性的时候，正通过单一栽培和垄断行为的扩张带来加剧生态灾难的威胁。

TRIPs 协议中允许对生命形式进行垄断控制的规定已经严重危害生物多样性的保护及环境本身。TRIPs 协议第二十七条第五款第三项规定：

> 缔约方还可以排除下列各项的可专利性：(a) 人类或动物的疾病诊断、治疗和外科手术方法；(b) 除微生物之外的植物和动物，以及本质上为生产植物和动物的除非生物方法和微生物方法之外的生物方法；然而，缔约方应以专利方式或者一种有效的特殊体系或两者的结合对植物新品种给予保护。这一规定将在本协议生效之日起的四年之内予以复查。

TRIPs 协议给生态带来的最显著区别为改变种群之间生态联系，这种改变也会带来可专利和基因工程有机物（GEOs）的商业开发。TRIPs 协议也影响生物多样性的相关权利，这种影响最终将带来生物多样性保护的社会文化背景的改变。这些影响列举如下：

1. 跨国公司以知识产权为名，行推广单一栽培技术之实试图通过提高市场占有率扩大市场投入回报率；

2. 生物技术专利带来的化学污染影响也导致基因工程作物具有抵抗除草剂、杀虫剂特性；

3. 受专利保护的基因工程有机物相关的生态污染风险也逐步在自然环境中释放；

4. 对各个种群内在价值的保护准则的破坏逐渐被知识产权工具价值所取代；

5. 对土著社区生物多样性传统权利的破坏，以及降低了生物多样性保护的能力。

单一栽培技术的推广

生物多样性保护要求存在于多个社区、多个使用本地物种的农业和药用植物系统。分散经营和多样性是生物多样性保护的必要条件。

跨国公司所控制的全球经济体系在TRIPs协议中得到深化和整合，甚至为破坏和统一多样性创造了条件。

多样性的作物种群是由不同环境条件和文化需求进化而来。这些种群所呈现的基因差异性是对抗虫害、疾病以及环境压力的保障。传统农业活动时间也提升了它们的适应性，比如不同品种混作。

获得植物或动物知识产权保护的公司需要扩大其投资回报率，因此也产生了扩大市场份额的压力。因此，同样的作物或牲畜品种也推广到全球各国，这便导致数以百计的当地作物和牲畜品种被替换。单一栽培技术的推广和多样性的破坏给受到知识产权保护的全球市场带来根本性影响。

不过，从生态学上来说，单一栽培技术也呈现不稳定、致病和招虫害等特征。例如，1970~1971年，美国爆发一种玉米枯萎疫病导致全国近15%的作物减产，该流行疫病即源自统一各玉米品种的基因。1970年，美国近80%的杂交玉米品种均来自于一种单一的、雄性不育系且包含T型细胞质品种，该细胞质易使植物遭受玉米枯萎病菌——H. maydis的侵扰。这种病菌使得受破坏的玉米呈现植株枯萎、折茎、畸形或玉米穗完全腐烂并伴有浅灰色的粉末等性征。植物育种者和种子公司使用T型细胞质的原因仅在于它能够促进高产量品种的快速生长和利润增值。爱荷华大学一位病理学家在该病症出现后写道："如此广阔的、单一的受害区域像是一片柔软的草原，它正等待火花将其点燃。"❶

根据1972年国家科学研究院有关主要作物基因易损性相关研究报告：

> 玉米成为流行病受害者是因为美国玉米作物种植技术发生变化，从某种意义上来说，它们变得像同卵双生的双胞胎一样。不论如何某种植物易受的影响也使得其他物种同样易受影响。❷

在农业领域推广单一栽培的高产量作物和在森林领域推广快速生长品种被确证是提高产量的基础。生物多样性技术转化——以及获得知识产权和专利垄断——被认为是提高和增加

---

❶ Jack Doyle, *Altered Harvest* (New York: Viking, 1985), p. 256.

❷ *Ibid.*

经济价值的代言词。不过，前述说法并非中立客观；它们具有相应的讨论背景及价值前提。改良树木品种主要源于造纸公司的想法，因为它需要砍伐树木；但是对农民而言，他需要的仅仅是饲料和绿色养料。改良作物品种主要源于加工工业的想法，但自给自足的农民想法可能完全不同。因此，嘉吉公司——美国最大的谷物贸易商和第四大种子公司——要求知识产权制度保障其投入，并认为这种做法可能惠益于广大农民而符合社会需要。

不过印度卡纳塔克邦的农民正好意见相左。1992 年，当气巴·嘉吉公司刚进入印度种子市场时，它的太阳花种子产量极度低迷。与预计1 500公斤/亩产量相比，实际产量仅有 500公斤/亩。

类似情况正如下例，由于支付过高成本购买种质资源，嘉吉公司杂交高粱也导致农民收入减少。依据科学、技术和自然资源政策研究基金会的研究报告，1993 年卡纳塔克邦农民种植嘉吉公司杂交高粱的成本近3 230卢比/亩，然而他们的收入仅为3 600卢比/亩。相反，依据该调查结论，农民种植本地种子的成本仅为 300 卢比/亩，而收入则为3 200卢比/亩。种植杂交种子利润为 370 卢比/亩，而本地种子利润为2 900卢比/亩。

化学污染的加剧

TRIPs 协议专利保护规定鼓励使用生物技术并加速释放基因工程有机物。当非化学农业被冠以“绿色”图标而使得基因工程技术具有销售吸引力的时候，很多生物技术在农业领域开始使用更多的农业化学品。这些应用给第三世界带来了更多的影响，不仅因为这些地区本身生物多样性较为丰富，而且当地居民生活也较多依赖生物多样性。

化学跨国公司正在不断开展农业文化生物技术领域的研究和创新，比如瑞士气巴-嘉吉公司（Ciba-Geigy）、英国化学工业公司（ICI）、美国孟山都公司和德国郝思特公司（Hoechst）。

这些公司的直接策略就是通过开发抗虫害、除草的作物品种而提高杀虫剂和除草剂的使用。二十七家公司正在实质开发适用于所有主要作物的除草剂。对种子化学跨国公司而言，这是颇具商业意义的行为，因为将植物适用于化学物质的成本低于化学物质适用于植物的成本。新作物品种开发成本最高只到200 万美元，而新除草剂的开发成本将会超过4 000万美元。

抗除草剂和杀虫剂也会提高种子和化学物质的合成力度，

因此跨国公司也获得了农业控制。很多重要的农业化学公司正在开发具有对抗它们自有除草剂功能的植物品种。某种大豆也被认为具有对抗阿特拉津除草剂的功能，销售额也逐年增加至1.2亿美元。有关开发对抗其他除草剂功能的作物研究也正在进行，如杜邦公司的吉斯特格林和孟山都公司的农先达，对大多数草本植物具有致命效果，因此并不能直接用于作物。这种具有对抗品牌杀虫剂的作物的成功开发和销售将会导致农用工业领域进一步经济集中，提升跨国公司竞争力。

丹麦环境部在其抗杀虫剂功能农作物种植环境影响评估报告中指出：

> 目前的情况是某种植物会被视为其他作物的野草，这也与某些野生物种密切相关。如前所述，油菜及其近缘种之间可能会发生基因交换。抗药性状的推广，特别是抗药性状的化合作用将会使油菜品种最小程度地使用杀虫剂变得不太可能且该品种本身也会视为野草而很难在其他品种类别中得到控制。除草剂的使用方式或许会有所改变。在特定情况下，抗药性也会被引入杀虫剂中以凸显实际有效对抗所有重要野生物种的特征。因此，可以预计抗药性状转移至野草基因之中将会导致含抗药性的化学试剂的逐步推广，因此也易导致更多和更广泛的杀虫剂使用。

新型生物污染

对抗杀虫剂相关基因工程策略摧毁了对人类有用的植物种群，也结束了创设超级杂草的可能。在杂草和作物之间存在一种紧密联系，尤其在热带更是如此，杂草和培育品种具有基因内在关联达几个世纪之久且通过自由杂交而可产生新的品种。对除草剂具有忍耐性、抗虫害、耐逆性（stress tolerance）的基因通过基因工程师植入作物中，这种行为可能作为自然杂交结果而转移至邻近杂草品种。[1]

基因植入野生近缘种对第三世界国家危害更大，因为这些地区是世界上绝大多数生物多样性的来源地。正如美国国家科学院名为《转基因有机物田野试验指南》所示：

> “在温和的北美洲，尤其在美国，并没有囊括太多植物的种植范围，因为美国农业大部分作物来源于国外。少数作物来自于北美洲也意味着它们拥有相对较少的与北美洲作物和野生近缘种进行杂交的机会。

---

[1] Peter Wheale and Ruth McNally, “Genetic Engineering: Catastrophe of Utopia”, *U. K. Harvester* (1988): 172.

转基因作物和野生近缘种相互杂交的比率预期可能会低于小亚细亚、东南亚、印度次大陆和南美洲区域，在这里可能需要对转基因作物的引入进行更加严密的观察。”❶

基因工程技术有机物也产生了新的生物污染风险。正如皮特（Peter）博士所言：“这些将植物遗传学中的DNA之树转化为种间网络的后果是严重的，但是却是可以预期的。”

最近的试验也表明相关种群内大规模基因工程性状转移具有相当可能性。

非基因工程技术种群引入生态系统过程也发生过生物污染。例如在1970年，奥里亚罗非鱼就曾引入佛罗里达州的埃菲湖，当时它在此湖的鱼类总量中占据不到1%的比率。到1974年，这种鱼就对其中种群占据支配地位，并在总量中占据90%的比率。

而在二十世纪五十年代，英国也曾从东非引进尼罗河鲈鱼至维多利亚湖以提高鱼类产量。维多利亚湖本地品种较小且样式较多，具体包括400多种单色鲷类；每只鱼预计一磅左右，占据鱼类总量将近80%。尼罗河鲈鱼是食肉性鱼类可以长到6

---

❶ U. S. Academy of Sciences. *Field Genetically Modified Organisms：Framework for Decisions*（Washington，D. C.：National Academy Press，1989）.

尺长，150 磅左右。

而在接下来将近二十年内相安无事。但是到了二十世纪八十年代早期，尼罗河鲈鱼几乎占据整个维多利亚湖湖面。而在此先它仅占到鱼类捕获量的 1% 左右；到 1985 年它增加至 60%。鱼类总量从单色鲷类鱼种占到 80% 变为尼罗河鲈鱼占到 80%。单色鲷类现在占据鱼类总量比例不到 1%。科学家预计最初 400 多种单色鲷类的鱼种可能有一半已经灭绝。

最近，尼罗河鲈鱼的捕获次数有所减少。这几次捕获的鲈鱼类型都差不多且在其胃里发现了好多幼崽。当某类种群开始以吃食后代为生的时候，这即是生态不稳定性和食物链出现崩塌的表现。

最后一个例子为引入糠虾提高马尼托巴菲拉特黑德湖红大麻花鲑鱼产量。但是前述举动产生了负面影响，即事实上导致红大麻花鲑鱼产量减少。但是糠虾却变为贪婪的浮游动物捕食者，后者却是红大麻花鲑鱼最主要食物来源。而在引入糠虾后，浮游动物种群比正常水平还要低 10%。1986 年鲑鱼卵也从118 000枚减少至26 000枚，1987 年到 330 枚，1989 年只有 50 枚。鲑鱼捕获量也从 1985 年的100 000尾，降到 1987 年的 600 尾，再到 1988 年至 1989 年的 0 尾。

我们也有必要评估基因工程有机物所建立的本质上能够自我维持的族群对其他有机物产生的影响，对此简化论分子生物学理论将无法适用，但它能对族群的基因组成部分进行分类。但是生态影响却是由基因相互间的性质及程度、不同有机物相互表现形式以及环境所共同决定的。主要种群与其他有机物的自然关联、它在生态系统运作过程中的角色和转基因有机物呈现的可能差异而带来效果等相关生态学问题有必要尽早提出。转基因鱼类释放到环境中可能对某些种群相关因素产生对抗性，如疾病、寄生虫、捕食等。它们可能也会将转基因转移至相关种群并且改变捕食者的捕食关系。[1]

即使是转基因有机物，在短期内也只会对环境产生些微影响，所以没有必要对生物安全议题抱太高自信。事实上很多转基因有机物并不会威胁生态系统安全。但是从长期来看仍有少数有机物会对生态污染带来严重影响。

动摇生物多样性保护的道德准则

有关生命形式的知识产权制度是将其他物种视为工具观点最为极端的表现，它的内在价值也与保护道德准则并不一致。其他物种对人类的内在价值要求人类具有明确的义务和责任，

---

[1] Martin Kenny，quoted in *Biotechnology*：*The University-Industrial Complex*.

并禁止将有机物视为无生命力的、无价值的和无结构的对象。由于知识产权制度的构建使得工具价值替代了各种群内在价值，保护生物多样性和同情其他种群的道德基础也将遭到动摇。

这种同情也是古代宗教如佛教、耆那教、印度教等以及新的运动，如对活牛出口和在英国狩猎活动表示抗议等的情感基础。古代宗教和现代活动均提升了人类对种群内在价值的信仰。

TRIPs 协议第二条规定排除以道德或生态为基础的生命形式专利保护。很多团体虽然都关心道德议题，但是甚至都不知道贸易条约对它们基本道德准则所产生影响。因此在 TRIPs 协议实施之前，阐明生命形式专利的意义和听取不同团体的意见应是缔约国应尽的义务。

龙·詹姆斯（Ron James），生物技术行业的发言人和“特雷西”发明人，大力声称专利不值得从道德层面进行争论因为它们并未赋予权利做任何事情。它们在道德上是中立的；它们仅仅允许其他人使用创新。但是它们所遭受的道德侵占并不是表明知识产权制度即是主张知识产权，专利仅是以上述主张为基础赋予专利权利人专门生产的权利。从本质上来说，专利有关所有者主张理论基础即为某些创新的存在。

可以确定的是，拥有生命形式的理念并非创新；人们拥有他们宠物，农民拥有他们牲畜。但是知识产权创造了一个新的所有权概念。这并不仅仅是基因植入，或一代动物被主张知识产权，而是整个有机物的复制，包括被专利周期所覆盖的未来可能的各代。

本地权利的异化

生物多样性的保护取决于当地社区能够享受他们付诸努力而得到成果的权利。本地权利的快速异化导致生物多样性遭到侵蚀，最终威胁到生态存在以及经济福利。生物多样性和生命形式的知识产权保护并不是创设新权利；它们也包括重述传统权利以便当地社区成为生物多样性的守护者，并在提供补充和使用过程中占据重要角色。有关种子、植物材料以及土著知识体系的知识产权制度对当地社区权利造成异化并破坏了生物多样性保护基础。

例如，当印度殖民地内村庄森林被英国人包围的时候，他们便否认当地居民使用森林资源的传统权利。当殖民地森林正变成大量去森林化的许可行为之时，当地居民也经常抱怨这种毁坏行为。如 G. B. 潘特（G. B. Pant）提到：

> 不管是否合乎时宜，山区居民有关滥伐森林的传

说由主管部门不断重复到令人反感以至于被认为这是种信念……支持森林政策的拥护者也认为在人们出生之前没有任何有关土地或森林的权利。

森林主管部门的政策可以归纳为两大方面，即侵占与开发。政府已开始推动相关工作，即扩展工作范围与对象，同时限制人们权利的实现路径……在每个村民的记忆中，对圣·爱斯边界（1880年预划界）的回忆是绿色的、清新的；相比他们的村庄边界与之前作为侵蚀的代名词所取得的进步相比，他们不会轻易接受政府对包含未经评估的结算数据的土地主张权利这一事实。应当赋予圣·爱斯边界实际地位而不能老是将其视为名义上的边界，且应消除疑虑，并且在符合不得分割等前提条件下将边界内包含的区域划为村民的财产，本区域内所有未经评估结算数据的土地返回给当地社区，这从公共利益角度来看应是件值得满意的事情。这即是村民们从自身实例出发提供有关公共知识的大量回忆，大约发生在1906年，他们要求政府将圣·爱斯边界内的地区予以返还；单纯的村民们在今天仍自发性地重复着相同的需求。这即是人们最低要求，但是看上去却不那么理性，也并不是最终解决方式。不要忘记简单的事实即在地球上人比其

> 他一切东西要更显宝贵，森林也不例外，不管法律条文如何严格规定，行政强制不能代替理性选择。面对人们具有不一致的愿望和情绪的时候，森林不能在充斥不满情绪中得到保护……人们的集体智慧不应当被轻视，即使不太固定，它也能够通过实现错误的机会而发生转向。当村庄区域返还给村民的时候，森林政策和村庄之间的对抗原因将会取代现有不信任，即使这种保护需要某些牺牲或身体痛楚，村民们也将会开始保护森林。❶

本地权利的异化也成为二十世纪三十年代森林领域非暴力不合作的原因，它在整个国家和喜马拉雅、印度中部等地爆发。在西部高止山脉，圣雄甘地创设一种对待不公平法律和制度的非暴力不合作方式（为真理而奋斗）。G. S. 哈拉帕（G. S. Halappa）在西部高止山脉丛林的非暴力不合作运动报道中提到：

> 政府开始逮捕来自其他地区的参与非暴力不合作运动的人员，以及某些重要的本地领导人。后者唤醒妇女们参与运动……有关丛林的非暴力不合作运动并

❶ G. B. Pant, "The Forest Problem in Kumaon," *Gyanodaya Parkashan* (1992): p. 75.

> 不会被暴力所镇压因为整个村庄数以百计的村民都出门行动，同时也会对被逮捕的人进行抗争。[1]

当种子也被专利保护或植物育种者权利保护的时候，市场力量与知识产权保护共同结合使得种子提供者由农民变为公司，农民作为育种者的权利和创新人员的地位发生动摇且在地保护的动机也不能实现，这些均是导致基因侵蚀的原因。

1992 年，印度种子领域非暴力不合作运动在甘地生日期间爆发以抵抗通过 TRIPs 协议造成农民种子和农业生物多样性相关权利异化。本地权利的异化被认为是埃塞尔比亚生物多样性遭到破坏的首要原因。依据该国国家保护战略的报告：

> 或许最重要的政策和制度干预应当是那些制度限制对环境带来的消极影响，这种限制也逐渐地、累积性地侵蚀了个体和社区使用和管理自身资源的权利……因为农民和社区不能控制他们所种植的树木，也根本不可能进行种植，或迫使这些树木维持他们的生命或对它们进行照顾。从这个角度来看很多社区花

---

[1] G. S. Halappa, *History of Freedom Movement in Karnataka*, Vol. II (Bangalore: Government of Mysore, 1969): p. 175.

费很多心力种植的小片林地最后可能只得到小量收成。[1]

农业生物多样性只有在农民完全控制种子的情况下才能得到保护。有关种子的垄断性权利制度，不论是以专利制度形式，还是以育种者权利形式，都会对植物遗传资源在地保护产生同样的效果，即异化当地社区权利并侵蚀埃塞尔比亚、印度和其他生物多样性富集地区的草场和植被。

---

[1] “National Conservation Strategy Action Plan for the National Policy on Natural Resources and the Environment”，National Conservation Strategy Secretariat，Addis Ababa，Vol. II (December 1994)：7.

第六章

与多样性和平相处

本章导读

单一栽培产生的背景即为全球化，全球化浪潮的出现又可以略分为三大阶段，即殖民主义、战后发展和自由贸易。殖民主义全球化表现在对特定区域（欧洲区域）以外的种族与资源进行奴役与控制；战后发展全球化的基础为发展的不均衡性并以推广绿色革命为特征；自由贸易全球化也是一把“双刃剑”，表面上改变着全球尤其是社会经济领域面貌，但是由于缺乏民主、公正和透明程序，也带来了局部矛盾和争端之涌现与加剧。

在“种族清洗”的年代，随着人类和自然对单一栽培技术的推广，与多样性和平相处迅速成为生存考量的必要因素。

单一栽培技术作为全球化的重要组成部分，它是以实现同质化和破坏多样性为前提的。对全球原材料进行控制和使市场呈现单一化特征是很有必要的。

多样性领域的“战争”并非新鲜话题。当将其看作某种障碍的时候，多样性便会受到威胁。暴力和战争根植于将多样性视为一种威胁、反常以及无序现象来源的观点。全球化使得多样性变为一种疾病和缺陷，因为它不可能产生集中控制的效果。

实现同质化和单一栽培技术在很多层面带来“暴力”效果。单一栽培技术经常与政治暴力联系，因为它们经常使用强迫、控制和集中的方式。而在缺乏集中控制和强迫力的时候，这个时候会充满丰富多样性且不会转变为实现同质化模式，单一栽培技术也不可能得到维持。自我组织集中式社区和生态系统产生了多样性。全球化产生了强制控制单一栽培技术。

单一栽培技术也与生态暴力产生联系——一种对自然物种多样性的宣战。这种暴力不仅促使物种走向灭亡，也控制和维持单一物种本身。单一栽培是不可持续的、易于出现生态破坏的技术。一致性意味着对系统某部分的干扰也会转移至对其他部分的干扰。这不是被包含的关系，生态不稳定性正在逐步扩张。生态稳定性与多样性相关，它能够自我管制和多种相互关联模式以修补对系统各部分带来的干扰。

单一栽培技术的弱点在农业领域得到明确体现。例如，绿色革命以国际稻米研究所统一品种取代了数以百计的本地稻米品种。IR-8 于 1966 年推广并在 1968~1969 年期间遭遇白叶枯病，1970~1971 年遭遇东帝汶杆状病毒。1977 年，IR-36 在培育过程中可以对抗八种主要疾病，其中就包括白叶枯病和东帝汶杆状病毒。但是，作为单一栽培技术而言，该品种仍易遭受两种新病毒侵袭，即齿叶矮缩病和凋萎矮化病。[1]

某神奇品种取代了传统种植作物的多样性，以及通过对多样性的侵蚀，新种子变成引入和催生害虫的手段之一。土著品种能够对抗当地害虫和疫病。即使特定疫病爆发，某些植株遭受感染，但是其他部分仍然具有抵抗力因而存活下来。

自然环境发生的事实也同样会在人类社会发生。通过全球

---

[1] Vandana Shiva, *The Violence of the Green Revolution* (London: Zed Books, 1991), p. 89.

整合活动对具有多样性特征的社会体系产生“同质化”，各地区也相继瓦解。这种暴力在集中式的全球整合活动中固然存在，结果也在受害者之间孕育着暴力氛围。随着人们日常生活条件逐渐被外界力量控制以及本土管制体系逐渐退化，人们在不稳定的时代倾向于将多元身份作为稳定来源。悲惨的是，当人们这种不稳定来源变得日趋遥远且不能识别的时候，过着平静生活的具有多样性特征的人们开始怀着恐惧心态相互探视。多样性标记开始出现碎片化裂痕；多样性开始成为暴力和战争合理性的依据，正如我们在黎巴嫩、印度、斯里兰卡、南斯拉夫、苏丹、洛杉矶、德国、意大利和法国看到的事实一样。迫于全球化压力，当本地和国家管制体系出现崩塌的时候，本地精英均试图坚持通过控制表达反对意见的道德或宗教情感来实现权力。

在一个以多样性为特征的世界，全球化只能越过复杂的社会关系网络以及自我管理能力才能实现。从政治和文化层面来说，圣雄甘地认为自我管理的自由应是不同社会和文化形态相互联系的基础。他曾说过：“我尽可能自由地随着所有土地的文化表现随风而逝，但是我是不会让我的脚跟着飘走”。

全球化并不是多样性社会跨文化的相互交流，而是特定文化表现形式对其他所有文化表现形式施加的负担。全球化也不是从地球层面寻求生态平衡，它是对所有其他某个等级、种族以及对单个物种个别类型的常见掠夺行为。从主流观点上来看，“全球化”是占据控制地位的本地势力寻求全球控制的一种政治空间，它们觉得自己有职责防止出现实现生态稳定和维持社会正义的紧迫现实。从这个意义上来看，“全球化”并不代表普遍性的人类利益；它代表的是特定的本土和狭小范围内的利益，此时文化表现形式通过触及和控制行为也实现“全球化”，这种行为因而不需要承担责任和缺乏相互作用。

全球化的表现有三波浪潮。第一波浪潮是欧洲对美洲、非洲、亚洲和澳大利亚进行殖民化多达1 500年之久；第二波浪潮在五十年过后“后殖民时代”背景下，西方世界出现的“开发”理念；第三波浪潮，肇始于大约五年以前，被称为“自由贸易”时代。从某些评论家观点来看，这意味着某段历史的结束；对第三世界国家而言，这也是“再度殖民化”历史的重演。每次全球化浪潮的影响具有累积效应，它也导致了主要隐喻者及行动者的不连续性。每次全球化秩序都试图摧毁多样性并逐步引入而非移除同质化、无序性和非整合性等特征。

全球化浪潮之一：殖民主义

当欧洲首次对世界各地不同文化和土地进行殖民控制的时候，它同样对“自然”进行了殖民控制。在工业化和科技革命过程中，有关“自然”看法的转变也显示出欧洲人对“自然”的观念已从具有自我组织特点的生命系统转变为需要管理和控制的，仅为人类开发所用的原始材料。

“资源”最初即意味着生命。它来源于拉丁文 resurgere，意思是“再次复活”。换句话说，“资源”一词本意是指自我重生。将“资源”指代“自然”一词也意味着自然与人类之间存在的互惠关系。[1]

随着产业主义和殖民主义兴起，前述意思也发生某些变化。“自然资源”变为工业商品生产和殖民贸易的对象。“自然”也转变为一种死气沉沉的、可以操作的对象。它的更新和生长能力也开始被否定。

对自然施加“暴力”，以及破坏其柔弱的内部联系，都是否定其具有自我组织能力要件的表现。同时前述暴力最终也转

---

[1] Vandana Shiva，“Resources”，in ed. Wolfgang Sachs，*Development Dictionary*（London：Zed Books，1992），p. 206.

变为对社会的暴力。

欧洲人对管理或控制一切的行为看起来是种威胁。这一切包括自然、非西方社会和妇女。这时自我组织被视为野蛮的、失去控制的和非文明行为。当这种行为被形容成一团混乱的时候，它便产生了一种氛围，该氛围是在为改进或改良“其他行为”而需要营造的高压和暴力的秩序。这时自然内部秩序已经被破坏和瓦解。

大多数非西方文化表现形态将野蛮视为神圣，它们将多样性视为民主和自由的源泉。拉宾德拉赫特·泰戈尔（Rabindranath Tagore），印度著名诗人，在独立运动高潮时期所著《塔博万》一书中写道，人类民主来自于自然多样性原则，这在森林系统中表现得尤为明显。在森林系统中经常可见不同的再生方式，从这个种群到那个种群，从春季到冬季，在景象、声音和气味中——这也催生了印度社会文化形态。将生命多样性及民主多元主义进行整合的原则也成为印度文明核心要旨。[1]

不管在何时，欧洲人将其发现的美洲、非洲和亚洲本地人界定为需要更高等级种族拯救的“野蛮人”，这也是欧洲人进行奴役运动的合理前提。将非洲人变为奴隶的行为被视为一种

---

[1] Rabindranath Tagore, “Tapovan” (Hindu), Tikamagarh, Gandhi Bhavan, undated, pp. 1-2.

慈善行为，这种行为进而将这些人从“漫无边际的残暴的野蛮夜晚”送到“高度文明”的怀抱。

西方世界敬畏野生资源及相关多样性与人类统治需要和掌握控制自然世界的紧密联系。因此，罗伯特·波伊尔（Robert Boyle），著名科学家同时也是十七世纪六十年代新英格兰公司管理者，认为机械哲学论的兴起不仅可将其作为控制自然和美国土著居民的工具。他明确地表达拒绝接受新英格兰印第安人对自然活动持有的荒诞想法。波伊尔对有关将自然视为“一种天意”的观点予以抨击，并认为“人们将这种崇拜灌输在他们所称的‘自然’之中，使之不能阻止人类对上帝创造低等生物进行控制。”[1]“人类控制”概念因此也被“地球家园”所替代，因为人类也包含在自然多样性多元主义的范畴。

前述概念适用范围的减小对殖民化和资本主义至关重要。“地球家园”的概念排除开发和控制可能性；对自然权利的否认以及认为人类应心存敬畏的观点对不受控制的开发行为和获利是尤为必要的。

多样性作为一种威胁已经摧毁了欧洲人作为评价人类和拥

[1] Robert Boyle, quoted in Brian Easlea, *Science and Sexual Oppression: Patriarchy's Confrontation with Woman and Nature* (London: Weidenfeld and Nicholson, 1981), p. 64.

有人权的衡量标准，正如 A. W. 克罗斯比（A. W. Crosby）认为：

> 一次又一次地，在欧洲帝国主义兴盛的世纪，基督教认为所有人们都是兄弟，这便让非欧洲人遭受迫害——这位兄弟遭受罪恶程度却与我不太一样。❶

所有的残忍行为都应归咎于这种假设，即认为欧洲人更具优越性，且具有作为完整人类专属状态。巴兹尔·戴维森（Basil Davidson）认为，侵犯和征占领土和其他人民财产的道德合理性即在于假设欧洲人具有“天然的”优越性而属于“法外种族”，一群“又急躁又野蛮”的人。❷

因为存在某些差异，从欧洲文化表现形态视角否认其他文化表现形态相关权利将方便获取其他文化表现形态拥有的资源及财富。各教派授权欧洲各国帝王攻击、战胜和征服非信教群众并占领他们的商品及领土，转移他们的土地及财产。五百年前，哥伦布就将此世界观带到新的世界。当首波全球化浪潮出现的时候，数以百万计的人民和数以百计的其他物种便失去生存权利。

---

❶ A. W. Crosby，*The Colombian Exchange*（Westport，CT：Greenwood Press，1972），p. 12.

❷ Basil Davidson，*Africa in History*（New York：Collier Books，1974），p. 178.

全球化浪潮之二：发展

对抗多样性的战争并不会因殖民化停止而结束。将整个国家人民认定为不完整的和有缺陷的欧洲人的看法也转而变为“发展”理念，并可以预计这个国家将通过世界银行、国际货币基金组织和其他国际财政机构以及跨国公司所提供的建议和慷慨援助而得到拯救。

“发展”是个美丽的词藻，其含义包括进化的建议。在二十世纪中叶，它与“自我组织”“革新”等词语具有同等含义。但是“发展”理念也暗含着对西方国家优先考虑、行事方式及对待问题所持某些偏见的全球推广。“发展”一词也取代了“自生”状态。它并非内在生成，而是外部因素介入导致。它也不会对多样性维护作出贡献，但是却产生了同质性和统一性。

绿色革命即是“发展”理念范式的重要事例。它破坏了适应地球多样生态体系的农业多样性系统，对工业化农业生产的经济和文化价值进行全球推广。它摧毁了数以百计的农作物和农作物品种，并在第三世界单一栽培大米、小麦和玉米等品种。它以资本和化学密集投入内容取代了原有系统内在投入内容，向农民提供债务并导致生态系统濒于死亡。

绿色革命并不是只有向自然施加暴力一种方式。通过创设外部管理和全球控制农业生产体系，它也将种子暴力“播撒”至人类社会。

通常情况下各国农村发展情况，尤其是绿色革命都是由境外资本提供资助并由外国专家进行规划的，通常被确定为一种通过政治手段稳定农村以及防止除中国以外的国家陷入红色革命泥沼的手段。但是在二十年过后，绿色革命所带来的无形的生态、政治及文化方面的成本代价日益凸显。从政治层面来看，开展绿色革命的结果是产生而非减少了冲突的发生频率。从实际产量层面来看，以生态系统水平测算，粮食产业化带来的高产量也导致新的粮食匮乏现象出现，最终形成新的冲突根源。从文化层面来看，绿色革命导致的同质化过程也使得再次出现道德和宗教信仰的同一性。[1]

第三世界生态和道德危机一方面可以被认为来自于基本的、未解决的多样性、非集中化生产以及民主之间的冲突，以及另一方面统一性、集中化和军事化的冲突。控制自然和人类应作为绿色革命集中化战略核心要素。自然所呈现的生态破坏和社会出现的政治崩塌是以撕裂自然和人类社会为原则的政策

[1] *The Violence of the Green Revolution*, p. 171.

应有之意。

绿色革命是以假设技术具有优越性进而替代自然为前提的，因此，绿色革命生产增长方式不受自然限制。不论是理论还是实务层面均将自然视为资源缺乏来源而将技术视为资源多余的来源，这种观点也促使技术造成生态破坏而制造新的自然资源不足。例如，绿色革命实践降低了肥沃土壤的适用性以及作物的遗传多样性，因而产生资源不足现象。

绿色革命将以多样性和内部投入为主的作物生产系统转变为以统一性和外部投入为主，但是并未改变农业生态系统过程。它也改变了社会和政治关系结构，从基于相互义务（尽管并不对称）——在村庄里——变为单个培育者与银行、种子化肥经销商、食品零售店和电力公司及灌溉组织之间的关系。类似于“原子”的、呈分裂状态的培育者直接与国家和导致文化表现形式和实践侵蚀的市场有关。当外部投入力量变得缺乏的时候，它也催生了种族与地区间的冲突和竞争，并将这种“种子暴力和冲突”播撒至其他领域。

绿色革命带来的集中式育种和分配并不仅仅影响了人们的生活，也波及他们的思想。当政府被看作“裁判员”在宣布所有事务决定的时候，每次失望都能演变为一次政治事件。在多样性社区背景下，这种集中化控制也能导致公共和地区冲突。每次政治决策都将变为“我们”和“他们”的政策，当

“他们”获得不公平的优待时，属于“我们”的政策都无法得到公平对待。

弗朗辛·弗兰克尔（Francine Frankel）在 1972 年所著《绿色革命的政治挑战》一书中写道：

> 更重要的是，考虑这种分析所具有的主要意义已经太迟了，即破坏速度如此加快的时候也是一种自动重新平衡的过程，纵然这个符合时宜的过程……也正在遭到严重缩减。[1]

1972 年，有关革命崩溃的预测看起来比较牵强。但是在 1984 年，两名锡克教极端主义者刺杀了英迪拉·甘地（Indira Gandhi）。两百名锡克教教徒因强烈抵制革命而在德里惨遭屠杀。1986 年，598 位平民在旁遮普被杀害；一年过后数字增加到1 544名，而到 1988 年数字陡增至3 000名。

绿色革命相关技术的大量和大规模引入使得社会结构和政治进程出现两个层面的错乱。当人际关系商业化色彩趋于浓厚，它逐渐激化了种族之间的分歧。正如弗兰克尔观察结论所示，绿色革命完全侵蚀了社会规则。“在广泛应用新技术的那些地区，它完成了一个多世纪以来殖民规则无法达到的破坏效

---

[1] Francine Frankel, *The Political Challenge of the Green Revolution* (Princeton, NJ: Princeton University, 1972), p. 38.

果，即事实上消除了传统社会那些稳定的‘遗留物’。”

当弗兰克尔预测社会出现崩塌之时，她也看到了这是种族冲突的结果。不过绿色革命出现过程中需优先关注公共和道德层面问题。现代化和经济发展，正如旁遮普区域所示，使得族群认同更为严峻，诱发或加剧了以宗教、文化或种族为基础的冲突。

从更大范围来看，地区、宗教和种族复兴相关活动都是在同质化背景下恢复多样性的活动。但是分离主义悖论认为应在一致性框架下找寻多样性。而这种一致性的结构基础是已被消除和侵蚀的特征。锡克教农民对其权利需求转变为单个锡克教所在地区的需求这种现象即是由横向形成的多样化组织变为由选举政治确立的、与国家权力直接联系的“原子”状态的单个主体的转型失败产生的。

发展带来的同质化进程并不能完全抹平其带来的差异。差异依然存在——不仅存在于多元化背景下的整合过程，还存在于同质化实现过程中出现的碎片化现象。在相互竞争过程中，并在限制经济和政治权力背景下争夺有限资源的时候，积极的多元化可能被消极二元化所代替。多样性也会变为二元性且被经验所排除。对多样性欠缺宽容也变为一种新的社会病态，使社区濒临崩塌和遭受暴力侵袭、衰退和破坏。在推动发展等同质化过程中，对多样性欠缺宽容和坚持文化差异将使得社区与同质化国家变得对立。差异性并不会实现丰富多样性反而成为分离理论和分割的基础。

全球化浪潮三：自由贸易

当代全球化和同质化也绝非由国家单独发起，控制市场的全球力量也能产生类似效果。“自由贸易”也被用来形容我们这个时代的全球化现象。但并不是仅仅保护公民和国家，自由贸易协商和制定协定也成为使用强迫力和暴力的首要位置。冷战时代已经结束了，但贸易战时代刚刚开始。

自由贸易时代所展现的强大力量应首推美国贸易法案，尤其是特别 301 条款允许美国采取单边行动对抗任何国家禁止美国公司进入市场贸易保护行为。特别 301 条款促使投资自由；特别 301 条款通过知识产权保护促使垄断控制市场自由。事实上，自由贸易就是一种融合了西方国家利益的自由主义和保护主义的不对称贸易安排。如马丁·休（Martin Kohr）认为：“自由贸易和自由化仅是推动乌拉圭回合谈判挥舞的美妙口号而已。真实情况是‘如果自由化给我们带来惠益，保护主义

给我们带来惠益，这都是我们经常称为的利己主义。’”❶

第三世界国家抗议《关税和贸易总协定》适用对象扩张到新的领域，如服务业、投资和知识产权。仅仅将这些国内决定的议题粘上“贸易相关”标签，虽然途经世界知识产权组织，《关税和贸易总协定》并非仅仅规范国际贸易活动，而在本质上对缔约国国内政策产生决定影响。

这种非理性的力量仍在《关税和贸易总协定》乌拉圭回合多边协商过程中对抗第三世界国家。费尔南多·哈拉米约（Fernando Jaramillo），77国集团主席和哥伦比亚驻联合国永久代表在一次演讲中说道：“乌拉圭回合谈判再次证明发展中国家再次被拒绝和排除在决定它们生存至关重要的事宜大门之外。”❷

谈判过程本身也不是民主和单边进行的。类似《关税和贸易总协定》相关自由贸易协定都在强迫某些公民和欠缺实力的贸易伙伴，如第三世界国家接受规定。例如，1991年，GATT秘书处亚瑟·丹凯尔（Arthur Dunkel）准备的一份只能接受或放弃的草案文本在印度也成为并非愉快地接受DDT（Dunkel

---

❶ Martin Khor, *The Uruguay Round and Third World Sovereignty* (Penang: Third World Network, 1990), p. 29.

❷ Quoted in Chakravarthi Raghavan, "A Global Strategy for the New World Order", Third World Economics, No. 81/82 (January 1995).

Draft Text，丹凯尔草案文本）的代名词。一个更加厚颜无耻的案例即为1993年12月《关税和贸易总协定》讨论最后节点，一位是美国贸易谈判代表，米基·肯特（Micky Kantor），一位是作为欧盟协调员的雷恩·贝特尼（Leon Brittany），这两个男人居然站在门背后讨论并向全世界提出“自由贸易”条约。尽管仍在坚持协商过程面向全世界，但是北方国家最后拒绝接受任何讨论结果，甚至是与第三世界国家双边讨论得出结果。这既没有展现多边主义，也并非全球民主的体现。

一种新的独裁主义结构出现，正如哈拉米约大使如下论述：

> 布雷顿森林体系在全球重要经济决策过程中仍然具有重要地位并影响着发展中国家。我们都见证了世界银行和国际货币基金组织运作过程中面临的局限。我们清楚这些机构议事规则的性质，即欠缺民主的特征、缺乏透明程序、教条原则作祟、理念争论不够多元；也知道它们对工业国家政策制定的微弱影响。
>
> 上述表现看起来也适用于新的世界贸易组织。该组织创设宣言建议该组织由工业化国家主导，所以该组织命运将会与世界银行和国家货币基金组织进行联结。
>
> 我们提前宣称新的“三位一体”机构对控制和

主导发展中国家经济关系具有特定功能。[1]

在现实中，自由贸易已迅速提升了跨国开展国际贸易和在世界上其他国家投资的力度和强度，为了限制实际运行功能，这已明显精简国内政府行政权力。跨国公司是乌拉圭回合谈判中真正的实力代表，也已获得新的权利并已放弃履行保护工人权利和环境的过时义务。

自由贸易并不是免费贸易；它保护实力强劲的跨国公司经济利益，而这些公司早已控制全球近70%的贸易额以及它们开展的国际贸易活动对全球至关重要。跨国公司自由建立以破坏各地公民自由以及在两次殖民化浪潮后第三世界剩余不多的独立价值为前提。从本质上来说，《关税和贸易总协定》削弱了独立国家的民主制度体系——当地议会、地方政府以及议会——使得它们不能实现本国公民意愿。

《关税和贸易总协定》或许提升国际商品和服务贸易量，它也提高失业率并造成全球经济体系之外的区域资源缺乏。印度商务部承认由于《关税和贸易总协定》，1994年该国失业率会剧烈上升。而在德国，失业率比例预期将从7.4%升至11.3%。法国也从9.5%升至12.1%，英国从9.7%升至10.4%。在英国累计1 000家公司每年也才提供150万个工作

---

[1] *Ibid.*

岗位，然而该国全国劳动力总量已从860万降至700多万。法国议会预计本国失业人口将会在未来十年升至350万。杰米里·里夫金（Jeremy Rifkin）在其著作《工作终结》中提到，在美国，出于生产关系重新调整的缘故，1 200万人将会面临工作调整，其中900万人将会失业。[1]最近的华尔街日报一篇文章也指出在可以预见的未来，每年大约150万~250万个工作岗位将会消失。

各国也因此减少了工人的社会保障收益。法国宣布停止发放退休金；德国减少发放失业救济金。一份被泄露的英国政府文件建议制订解除管制工人健康和安全的计划。这些计划内容从停止对工人提出要求，到提供厕纸和肥皂，再到局部中止工业风险控制等。

在国内取消工人权利，终止世界银行提出的降低第三世界国家工人工资等结构调整政策，工业化国家现在认为第三世界国家低收入现象导致国际贸易出现“社会倾销”现象且这种贸易制裁对保护发达国家很有必要。

全球数以亿计的农民生活正遭受《关税和贸易总协定》和新生物技术威胁。农业协定有关“生产者退休”项目规定是取代农民的政策基础。此外，对种子和植物品种的垄断控制

---

[1] Jeremy Rifkin, *The End of Work* (New York: Tracher/Putnam, 1994).

进一步增加第三世界国家农民被替代的压力，后者是最初育种者和植物遗传资源守护者。

为了回应自由贸易带来的巨大影响，受害者开始出现反应。例如，1994 年 1 月 1 日，墨西哥恰帕斯州萨帕塔主义者[1]发动叛乱，当时正值北美自由贸易协定生效之时，死亡 107 人。依据叛乱头目发言所示，“自由贸易协定是墨西哥印第安人死亡证明”。受萨帕斯州叛乱鼓舞，墨西哥其他社团也加入抗议声浪。正如国家土著居民联盟负责人所称，“不要测试我们的底线，因为萨帕塔主义者可以出现在整个国家。”

国际货币基金组织和世界银行结构调整方案，试图在《关税和贸易总协定》实施期限前开展自由贸易活动，这也预示着第三波殖民化浪潮带来三个层面的深远影响。

首先，结构调整方案本身带来的影响，即剥夺了人们的食物、健康护理和教育权利。

当人们的基本生存条件受到威胁之时，他们就开始抗议并保护自身权利。这种抗议活动最终会抑制受国际货币基金组织和世界银行结构调整局限性相关的制度实施。一位秘鲁经济学家预计因结构调整方案爆发的若干次抗议活动导致近3 000人死亡，近7 000人受伤，大约15 000人被捕。

[1] 墨西哥革命运动者。——译者注

最后，剥夺人们自我组织、自我管理以及自给自足能力所产生的经济和政治脆弱性也为预期影响创造了条件，既定利益使得民族和宗教弱势群体相互宣战。目前没有免于内战的区域，这些战争形势都伴随着种族、宗教、道德差异的破裂。事实上冷战结束可以认为全球范围内的战争形式已转移到公民社会。多样性在全球以及同质化的世界里已变成一个新的问题。

索马里和卢旺达的经验是全球化带来多方面破坏的鲜活实例。

索马里的灾难可被解释为部落文化残余。根据迈克尔·乔苏多夫斯基（Michel Chossudovsky）所说，索马里内战与结构调整方案所带来的全球化影响具有更为密切的关系。索马里所具有的游牧经济基础是游牧牧民和少量农民之间的交换。它事实上保留了食物方面的自给自足。直到 1983 年，牲畜占据了索马里近 80% 的出口收入。

国际货币基金组织、世界银行在二十世纪八十年代进行的调整方案摧毁了索马里的经济和社会结构。当地货币贬值和进口自由化导致国内农业生产遭到侵蚀。二十世纪七十年代至八十年代中叶，粮食援助增加了 15 倍，这些行为也代替了农民生产作业。兽医服务和水资源私有化也导致牲畜生产乏力。乔苏多夫斯基说道：

国际货币基金组织、世界银行的方案致使索马里

> 经济陷入恶性循环：畜群大量被杀害使游牧牧民陷入饥饿状态以致强烈对抗谷物生产者，后者经常售卖或将谷物与牛进行物物交换。该国整个牧民经济社会结构并未瓦解。国外互换收入的雪崩式下滑原因在于牛群出口以及因对抗付款与国家公共财政平衡而支付的款项的减少，收入下滑也导致政府经济和社会规划的崩溃。[1]

卢旺达种族灭绝也与结构调整方案全球化进程存在类似联系。1989 年，国际咖啡协定谈判陷入僵局，世界范围内咖啡豆价格跳水比例高达 50%。卢旺达出口咖啡豆收入在 1987 年至 1991 年间降低 50%。

在世界银行、国际货币基金组织的调整方案作用下，1990 年 11 月，卢旺达法郎贬值近 50%。该国收支平衡遭到严重破坏，从 1985 年开始，未偿还外债数额接近翻倍，在 1989 年至 1992 年间新增 34%。1992 年 6 月，该国又爆发一次货币贬值，导致咖啡减产 25%。乔苏多夫斯基解释道：

> 咖啡经济灾难也对木薯、大豆和高粱生产造成冲击。为农民提供信贷的存贷款合作社也濒于瓦解。而

[1] Michel Chossudovsky, " Global Poverty", unpublished manuscript.

> 且，布雷顿森林体系倡导的贸易自由化和取消谷物市场管制，大量受补贴的廉价食物以及富裕国家提供的粮食援助进入到卢旺达，这也对本地市场不稳定局面带来影响。❶

在世界各地，全球化导致本地经济和社会组织的破坏，迫使人们陷入不安定、恐惧和国内冲突之中。这种对人们生活条件的破坏也加强了这场“战争”带来的破坏结果。

目前只有一种方式能够消除这种频繁的破坏现象。我们必须，时刻敏感和富有责任，不管在哪里和我们是谁，与多样性做到再次和平相处。我们必须认识到多样性并不仅是应对冲突或混乱的处方，而是我们获得更具有持续性和公正未来的唯一机会，在社会、政治、经济和环境等各个方面。

---

❶ *Ibid*.

第七章

非暴力对待和培育多样性

本章导读

多样性的客观存在要求利益相关主体养成保护和培育多样性的意识。多样性不仅是物种和文化表现形式的应然权利，同时也是所在居民、社区、区域、国家尊重其他物种及所作出的文化贡献的重要物质基础，且它对生态系统、组成部分及所依托的传统知识至关重要。

对多样性的不宽容是对我们这个年代平静状态的最大威胁；相反，培育多样性是对和平最显著的贡献——自然和具有多样性特征人们之间的平静。多样性的培育是一种有意识的、创造性的活动，且富有智慧和实践性。它不仅仅要求容忍多样性的存在，而且单纯的容忍并不足以消弭对差异不宽容所产生的冲突。

多样性与自我组织实现可能性密切相关。分散化和本地民主控制是培育多样性的政治推论。这种平静也来自于多样性物种和社区拥有条件自由进行自我组织，并依据它们的需求、结构和优先事项予以发展。

全球化破坏了自我治理、自我管理和自我组织的条件。它是一套影响极大的秩序，不仅存在于强制性且需要维持该秩序的结构中，同时也存在于这套秩序所产生的对生态和社会的分解和影响中。

培育多样性的具体事项包括重申对施加强制手段的生命体权利。对占据主导地位的国家和人民来说，它们对其他物种和人民现有的多样性施加了予以优先考虑和手段，这种情况下培育多样性包括看清其他物种和人民的能力和内在价值。它包括放弃控制的欲望、立刻畏惧自由、以及畏惧产生的巨大影响。因此培育多样性是对全球化、同质化和单一栽培而产生的非暴力反应。

生物多样性迅速成为多样性和非暴力与单一栽培和巨大影响之间观点冲突的首要领域。

生物多样性一直被排除在保护主义者关注范围之外。不过，自然多样性常与文化多样性汇聚。不同文化也出现在各种生态系统富含的不同资源禀赋之中。它们发现各种保护和利用所在地区丰富多样性的手段与方式。新的物种也在详细试验和创新之后引入生态系统。生物多样性不仅象征着自然丰富程度，也包括各种文化和知识惯例。

生物多样性有两个相互冲突的方面。首先与当地社区有关，它们生存与生计与利用和保护生物多样性相关。其次与商业利益有关，这些收益与在多大范围内将全球生物多样性作为投入成本、同质化、集中化生产和全球生产系统等有关。对土著当地社区来看，生物多样性保护意味着保护它们有关资源、知识和生产系统的权利。对商业利益而言，比如制药业和农业生物技术公司，生物多样性本身并无价值，它仅是原材料而已。但生产过程是以破坏生物多样性为基础，如通过统一生产而替代本地多样性生产系统。

上述两个方面的冲突由于新技术的出现而呈现加剧态势，这种新技术是为控制生命和创设垄断生命的全新法律制度而出现的。

不管是技术还是法律趋势都朝统一性和单一方向发展。这种趋势预示着排除与自然相关的多种技术选择、多元化路径和权利和义务更新体系。基因工程技术等新工具的出现，对分子单一化垄断控制的思维已发挥最大功用。如杰克·洛潘伯格（Jack Kloppenburg）警告道：

> 通过某种手段移除各种群之间遗传材料是引入全新变种的一种手段，它也是在种群之间构建统一基因的手段。[1]

通过跨越种群边界而产生的转基因物种，它也是一种维持多样性和特殊性的天然方式。当跨越边界生态影响无法全部预测或评估时，某些预期结果仍存在相当可能。例如，培育抵抗除草剂的植物即是农业生物技术领域最大规模的投资，目的是将农业市场份额集中于某些个大型公司手中。不过，这也产生了新的统一性压力，因为某些不具备抵抗除草剂功能的作物无

[1] Jack Kloppernburg, *First the Seed* (Cambridge University Press, 1988).

法在遭受过度除草剂污染的土地中生长。而且，在生物多样性地区，引入具有耐药性的基因工程作物终结了超级种子产生的可能性，后者作为一种具有抵抗除草剂的基因已转移至作物野生近缘种。

从生态学视角分析，这些技术选择不仅耗费成本、具有相当风险且毫不必要。它们的扩散不仅因为法律制度通过知识产权制度创设生物材料和市场垄断控制条件。类似专利，知识产权制度被认为是有关思维产品的权利。不过不同文化表现形式也拥有不同知识惯例，不同价值体系和分享与交换知识的形式。以印度为例，每当农忙开始时节，在被称为 *Akti* 节日期间，农民们相互带着各种种子并进行交换。从文化意义来看，种子是共有的，而并非私人财产。但是知识产权以基于单一知识表现形式为基础，它排除多样性知识惯例。知识产权制度对非西方文化知识遗产以及自然遗产产生“殖民化”作用，这种现象集中体现在近五个世纪以来第三世界国家单方面决定交换活动中。

TRIPs 协议认为知识产权仅为一种私人而非共有权利。它排除所有处于共有状态下的知识、理念和创新——如农民所在村庄，部落居民所处森林甚至科学家所在大学。类似形式的知识产权保护将会扼杀那些丰富我们世界的多元化的知识表现形式。

知识产权制度仅在知识和创新产生收益而非满足社会需要的时候才会被关注。利润和资本累积才是创造力投入的最终结果，社会商品而不再被认识。

少部分优先选择的人类社会的普遍化不会鼓励相反会摧毁创造力。通过减少人类知识的私有财产状态，知识产权制度降低人类创新和创造可能性；它们将自有交换状态变为盗窃和剽窃状态。

在现实中，知识产权制度是现代剽窃现象的复杂代名词。与其他物种和文化表现形式无关或不示尊重，知识产权制度是一种道德、生态和文化暴行。而且，生物多样性领域的知识产权制度适用伴随着文化、种族和种群的偏见和傲慢。

《关税和贸易总协定》是一个资本主义的平台，该平台有关父权主义的自由观念将人类不受限制的权利和所有、控制和破坏生命的经济实力看作自由贸易。但是对第三世界，尤其是妇女来说，自由具有不同内涵。那些看起来遥远的国际贸易领域，自由不同含义集中在竞争和冲突。从当代人类而言，最根本的道德和经济议题集中定位于食物和农业的自由贸易。

对生物多样性议题进行讨论是一次在道德、生态、认识论和经济层面恢复多样性的机会。

从最基本的层面来看，生物多样性保护是对其他物种和文化表现形式的应然权利，以及它们不仅仅是从极少数特权主体经济开发中获得利益的道德认知。对生命形式主张所有权和专利保护从伦理上来说应持反对意见。

生物多样性保护也是社区尊重其他物种而作出文化贡献的产物，它们也对不同物种及相互联系进行更新以适应与保护目标相一致的开发利用方式。

因此，生物多样性保护包括文化多样性保护以及知识惯例多元化状态保护。这种多元化在快速变化和加速崩塌的时代对生态存在是很有必要的。

即使世界变得更加不确定和无法预测，技术和经济模型都是以线性范式为基础假设确定性和控制性的。当我们生活面临着统一和集中生产这一老旧系统产生的社会和生态后果的时候，这时集中化和统一化生产正在持续。

我们经常假设集中化和统一化是增长重要因素。但是这种增长是什么类型的增长？

当多维度、多样化的系统被认为处于它们整个过程中，它们被认为具有较高的生产力。较低的生产力是在单一维度框架内评估和获取生产方式而得到的结果。例如，当一头猪或牛被简单视为生物反应器的时候，它能为制药工业生产一种化学物质，这种物质可在无任何种族约束的前提下得到重组和重新设计。作为一种世界观，多样性允许对各种要素进行感知，而无关这些要素形态。对多样性角色和各个部分相互依赖认识将会限制其他物种的开发，以及限制人类的傲慢。

Navdanya（九种种子）或 barnaja（十二种作物）是混合种植或以多样性为基础的混养高产量系统实例，产量高于其他单一栽培技术。不幸的是，它们令人失望了，并不仅是因为产量低，而且是因为不需要投入，它们能够与豆类植物共生并为谷物生长提供氮元素。此外，它们的产出具有多样性——提供所有家庭需要的营养输入。但是这种多样性与商业利益相对抗，它需要将单一产量最大化以扩大利润。从性质上分析，混合种植在生态学上应趋于谨慎。但是，在生产过程中恢复多样性对破坏生活条件、文化表现形式和生态系统的全球化、集中化和同质化生产系统产生对抗效应。

通过增加选择，我们同时创设了重建和抵抗的工具。在印度，一项巨大的活动——种子领域非暴力不合作运动——已开展好几年以回应《关税和贸易总协定》，尤其是知识产权条款带来的“再度殖民化”威胁。依据甘地的观点，没有任何暴政能够征服一个认为遵守不公平的法律是不道德行为的人。正如他在《印度自治》一书中所述：

> 只要人们对遵守不公平法律条文仍存在迷信，被暴政征服的情况仍然存在。一个被动的抵抗者可以独

立移除这种迷信。[1]

非暴力不合作运动或自治是自我管制的关键。印度自由运动过程中反复回响的口号即为“自我管制是我们与生俱来的权利”。（*Swaraj hamara janmasidh adhikar hai*）对甘地和同时期印度社会运动来说，自我管制并不意味着由集权制国家或分散社区进行管制。“在我们村庄进行管制”（Nate na raj）即是来自印度草根环境运动的口号。

1993年3月在德里发生的一场大型集会上，农民权利宪章宣告诞生。该权利内容之一即为本地主权。本地资源必须依据本地主权进行管理，哪怕是某地的自然资源属于别的地方。

农民有关生产、交换、改良和售卖种子的权利也属于自治表现形式。印度农民运动宣称它们将违反《关税和贸易总协定》规定，如果后者真正实施的话，它也会违反前者这种与生俱来的权利。

甘地种子领域非暴力不合作运动被附合另外一个表现即是抵制英货运动（swadeshi）。该项运动即代表着再生精神，一种富有创造力的重建方式。依据抵制英货运动哲学，人们早就拥有的，不管是物质上还是道德上，它们应从压迫性结构中脱

[1] M. K. Gandhi, *Hind Swaraj or Indian Home Rule* (Ahmedabad: Navjivan Publishing House, 1938), p. 29.

离出来。

甘地认为抵制英货运动是以资源、技巧和社区组织，或必要情况下的转变为基础的积极概念。强制施予资源、机构和结构使得人们失去自由。对甘地来说，抵制英货运动是创设和平和自由的核心。

在自由贸易时代，印度农村社区正在通过重新界定swadeshi、swaraj和satyagraha等词的含义来考量非暴力和自由。它们对不公平的法律说“不”，比如说GATT协定，该协议使对第三世界国家生物和知识遗产偷盗行为合法化。

种子非暴力不合作运动的核心要旨即为宣告第三世界国家共有知识产权权利。但第三世界国家创新或许不同阶段，以及西方商业世界目标未被重视是因为具有差异性。来自第三世界的自然多样性丰富的知识就是一份礼物。不过种子非暴力不合作运动已远远不止说“不”。通过创设社区种子银行，强化农民种子供应能力以及寻求一种适用于不同地区需要的可持续的农业发展路径都是可以考虑的替代方案。

在多样性被垄断控制和操纵的时代，种子已成为自由的象征和基础。在自由贸易推动“再殖民化”的时代它也成为甘地的纺车。纺车成为自由的重要标志并不仅仅是因为它本身强大或强势，而是因为它很渺小；它作为具有抵抗能力和赤贫家庭或最小家庭创造力的标志而存在，越是微小越能够展现实力。

种子也十分微小。它包括多样性和维持存在的自由。所有种子都是印度小型农民的共有财产。种子也将生物多样性与文化多样性融合起来。生态学议题也与社会正义、平和和民主等议题也开始结合。